玉林市城乡规划设计院主创项目

# 《广西岭南民居寻踪》编委会

主　　编：丘　阳　张　中　林　京　廖祥勇
编著人员：丘　阳　张　中　林　京　廖祥勇
　　　　　蒋晶尧　刘东明　周　娴　郭　涛
　　　　　顾钦文　朱少武　梁慧乐
主编单位：玉林市城乡规划设计院
钢笔绘画：张　中
摄　　影：周　娴

# 广西岭南
# 民居寻踪

丘阳　张中　等 编著

GUANGXI LINGNAN
MINJU XUNZONG

广西师范大学出版社
·桂林·

**图书在版编目（CIP）数据**

广西岭南民居寻踪 / 丘阳等编著．—桂林：广西师范
大学出版社，2019.3
ISBN 978-7-5598-1705-1

Ⅰ．①广… Ⅱ．①丘… Ⅲ．①民居－建筑艺术－广西
Ⅳ．①TU241.5

中国版本图书馆 CIP 数据核字（2019）第 058345 号

广西师范大学出版社出版发行

（ 广西桂林市五里店路 9 号　邮政编码：541004 ）
网址：http://www.bbtpress.com
出版人：张艺兵
全国新华书店经销
广西广大印务有限责任公司印刷
（桂林市临桂区秧塘工业园西城大道北侧广西师范大学出版社集团
有限公司创意产业园内　邮政编码：541199）
开本：787 mm × 1 092 mm　1/16
印张：15.5　　字数：266 千字
2019 年 3 月第 1 版　　2019 年 3 月第 1 次印刷
定价：88.00 元

# 序 言

  梁思成的《中国建筑史》让世人记住了中国的唐宋建筑风格：一组古庙，一群村落，一个学社，一队爱好古建筑的痴迷者，还有一个女孩和一条大黄狗，共同演绎了中国古建筑探寻之旅。这个传奇用梁思成的诠释就是：人是一种奇怪而又善忘的生命体，一边不断创造和毁灭，一边也在不停地遗忘历史，有遗忘就有重拾，他只是一个谦卑的拾惠者和竖标者，使后来人不至于迷失路途和方向。

　　广袤的岭南地区与黄河流域、长江流域同为孕育中华民族文明的摇篮，"一方水土养一方人"，岭南地处祖国南疆亚热带地区，五岭之南，依山傍海，河流纵横，因不同的风土人情，不同的建构方式，在不同的历史阶段，形成了不同的建筑风格。正如王铭铭博士所言："一定程度上中国的乡村即为中国的缩影。"在我国岭南地区，古老的先民日出而作，日落而息，一曲曲田园牧歌世代相传，古老的纺车向世人讲述着与世无争的生活。广西"八山一水一分田"，自然土壤主要是石灰岩（土）和硅质粗骨黄壤，土地贫瘠，生活在这片土地上的岭南各族人民长期在艰苦的环境中开拓，在宁静中孕育新生，在自给自足中悠然而宁静地繁衍生息。

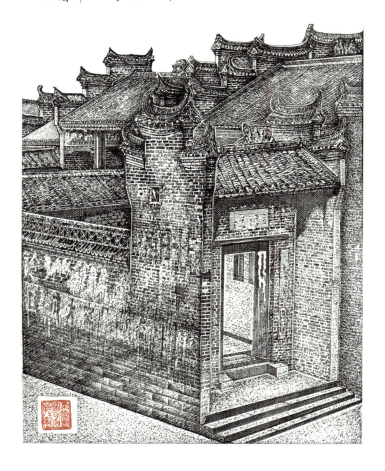

岭南地区多为喀斯特和丹霞地貌，环境自成系统。从早期渔猎文明，到秦汉时期中原传入岭南的稻作文明，再到后来的商贸文明，从秦汉到明清，六次人口大南迁，古往今来，逃难的流民、败走的氏族部落、避难的迁客，乃至流官乱寇世代迁徙。平时商贾利用古道险中求利，获利颇丰，战时封闭四周群山要隘，猿猴难渡，民风也被淬炼成彪悍坚韧、倔强的"本地姜"。中原文化、海洋文化、客家文化、壮瑶文化、百越巫文化、岭南文化和广府文化，在这方寸之地碰撞闪耀、互相吸收、融合传承，既封闭保守，纯粹到只有本地人才听得懂的方言，又开放包容，渴望着吸收外来文化的新鲜养分。封闭纯粹和开放包容并存的地域特性，使得广西的多元文化流传与积存异常丰富。

特别是岭南建筑，作为特殊的文化物质载体，与自然山水一样奇诡富丽。来广西的人常常为这里保存着如此多样、如此完整的古建筑以及文化形态和民间风俗而惊叹！岭南文化刚刚掀起羞涩的面纱，就引来世人的惊叹和关注。广西岭南的历史悠远，其文化既深厚复杂，又因历史原因而零落断层，散落在其大地上的古镇、古寨、古屋、古村落、古码头，它们的兴衰奇美，吸引着越来越多的有识之士投身其中研究挖掘，力图找到兴衰及奇美的原因，揭示更多本土文化，一点一滴地拾掇、串联起来，形成脉络清晰的历史文化印记。

广西岭南民居文化博大庞杂，非一人一书能穷尽，非一时一地挖掘能全部展现，需要深耕细作。多年来，广西玉林市城乡规划设计院从早期的建立规划沙龙，到后来的广西民居文化研究会，一直在传统民居的研究和保护中砥砺前行，从承接自治区建设厅课题"广西岭南建筑风格研究"开始在玉林展开古民居实测调查，到拓展至广西各地民居实地调查，始终全方位、多角度、深层次地从传统中研究提炼建筑元素和语言，并将之传承与应用到实际设计建设当中，形成独特的核心技术库。本书正是在前期研究成果积累的基础上，汇集编写而成。全书共分为六章，全书统稿由丘阳院长、张中副院长、林京总工以及廖祥勇主任完成。本书序言由张中副院长撰写，第一、二章由廖祥勇、梁慧乐撰写，第三、四章由蒋晶尧、刘东明撰写，第五章由廖祥勇撰写，第六章由周娴、林京撰写，由郭涛撰写本书后记，由朱少武负责本书的校对，本书中的钢笔画插图全部由张中副院长手绘完成，院里很多职工为本书编撰做了大量无私的工作。编撰小组试图通过独特的视角探索岭南民居建筑艺术的真谛，在大量田野调查基础上，还原岭南民居的原真美，并通过融合大量历史文献和建筑资料以及实地采风的建筑钢笔画，使读者获得更为全面广阔的认知和想象，深度感知触摸岭南民居的原真美，同时分享一些编撰人员的思考与发现。

为了使本书更加严谨科学，编撰小组特派廖祥勇主任专程到广州登门求教岭南建筑大师陆元鼎教授，机缘巧合，刚好陆元鼎夫妇从外地回来，于是就同陆教授一起探讨了本书的初稿及框架。陆教授说："以居住方式而言，每个民系都有一种代表性的居住方式和模式，这些模式无论是在满足当地民众的审美方面，还是在生产、生活方面，适应当地气候、地理等自然条件都是非常灵验有效的，因而很有参考价值。同样岭南民居的独特价值还有待深度研究，影响力比我们想象的要深远得多，也期待着更多有识之士继续探索与实践。"与此同时，陆教授还对本书提出了更高期许和许多建设性意见，编撰小组都一一在本书予以落实。

建筑大师辛克廷认为"建筑是会说话的"，建筑一直伴随着它们的创造者讲述着人类文明的悠久历史，它们是历史的见证，无声的史书。作为历史文化载体，岭南民居是中华民族在地理、地质、气候、社会、宗教、信仰与传承等诸多因素影响下的产物。费孝通教授也曾经说过："文化与建筑与生活方式是三位一体的，了解了其一就可以触类旁通。"广西岭南文化的灵魂是什么？风骨是什么？精气神是什么？岭南的原始文化、民俗文化、古建筑俯拾即是，没有涉足的人不知它的神奇，不知它的伟大，不知它的深邃，不知它的厚重。尽管山水无言无声，可名胜古迹古建筑却可以成为无言的历史书，带你领略广西岭南独特的文化、地理环境和民系民族特色，以及广西岭南文化孕育出多样的建筑风格。一般而言，岭南民居有三种类型：

第一，古代岭南建筑：自秦汉时期至1840年，此阶段建筑除干栏式建筑比较纯粹外，其他建筑明显受湘派、湖广、徽派及另外一些中原传统建筑风格影响。保留至今者以明、清两代建筑居多。

第二，近代岭南建筑：通常指1840年至1949年，大量南洋风格建筑开始影响广西岭南地区建筑风格，形成了骑楼街等一系列富有地中海风格的岭南建筑。

第三，现代岭南建筑：通常指1949年以后岭南地区在材料、建筑工艺等各方面有了长足的进步，建筑风格也在融合传统历史，并在此基础上进行创新，形成新古典主义的建筑风格。

而按文化分类则可以概括为以下三种：

第一，传统岭南民居风格建筑，是源于岭南本土文化与民居特色，以镬耳楼为标志的特色建筑，受传统岭南文化的影响。

第二，岭南客家风格建筑，是受客家文化影响的民居建筑，如客家围屋、围龙屋、九厅十八井等。

第三，岭南南洋风格建筑，是受海洋文化影响，源于19世纪末至20世纪初，欧式殖民地建筑风格与岭南传统建筑特点融合，中西合璧形成的南洋风格近代岭南建筑，以十字街将军别墅为代表。

我们走进建筑也走进了历史，建筑是凝固的历史、凝固的文化、凝固的音乐和艺术，更是承载历史文化的魂魄。每当走进容县爱国将军建筑群，看着那些民国特有的南洋建筑，棱角铮铮，耳边仿佛响起了战争的枪炮声。方圆百里竟然走出了8位上将、15位中将、60位少将，为国捐躯的士兵更是不计其数。走进昆仑关抗日纪念塔，仿佛看到无数先烈为保卫家园浴血奋战。他们创造了历史，历史记住了他们，

他们才是岭南建筑真正的"魂"。

　　远离了枪炮声，广西历史文化名村众多，它们都秉承"耕读传家，读书育人"的宗旨，或造于群山环抱之中，或坐落于数里平畴之上，或依山傍水负阴抱阳建于水湾之阳，或建于车水马龙的古道旁，或掩藏于幽幽古巷中的书香门第，都承载了历史，无不体现了"天人合一，源于自然"的建造理念。如今，我们是否从中有所感悟，是什么样的原因使桂林走出了连中"三元"的陈继昌状元，又是什么样的原因使中外闻名的画家黄宾虹到萝村访问陈柱先生？我想这就是岭南文化的"文骨"。

　　岭南文化建筑的美还远远不止于此，更在于它海纳百川，清新浪漫。中国四大名庄之———陆川谢鲁山庄，以大胆想象和创造，把琅嬛仙境与西洋建筑完美地结合起来。这在中国园林史上可谓独树一帜。它的构思、章法、建筑布局等所运用的传统岭南园林手法，对人类居住环境创造有深远启发。而"天南杰构"则是梁思成"爱死了"的建筑，当年梁思成闻讯赶来观看真武阁后，夜不能寐，一气呵成写出了《广西容县真武阁的"杠杆结构"》一文，并在《人民日报》发表。他还向国家推荐其为国家重点文物保护单位。真武阁四柱悬空的天马行空之美令其享誉世界建筑界，美国学者泰勒评价它："这座建筑表现了中国人民的知识、科学、精神上的完美结合，是世界级的美。"浪漫的万花楼曾是玉林最美的一道风景，相传是古代300个工匠花费了3000个日夜精心雕琢而成，楼阁上绘制了一万米各色花卉，故称"万花楼"，民国时期被评为广西十大精美建筑之一。可惜万花楼已毁于"文化大革命"时期。广西关隘中，以鬼门关最负盛名，《辞海》中载："鬼门关，古关名，在今广西北流西南。"唐代杨炎《流崖州至鬼门关作》："一去一万里，千知千不还。崖州何处在，生度鬼门关。"它也是古代流官南下海南的必经之路，历史上苏东坡亦由此转道海南岛。有否必有泰，岭南是人间天堂，中国道教三十六洞天就有三个洞天坐落于广西，分别为：二十洞天都峤山、二十一洞天白石洞天、二十二洞天北流勾漏洞。岭南美玉，胜景如林，不仅有古典岭南美，而且还有舌尖上的广西美食和藏于深山的美景，每天都给你不一样的感受，吸引着你去揭开她神秘的面纱。

　　广西岭南民居建筑经典之美，犹如甘醇的美酒，越醇越香，越陈越香，古城镇中的教堂、会馆、学校先后传播西方的科学和文明，它们将外来文化纳入进来，同时敞开门户，走出岭南，走向世界。岭南是大自然赐予的礼物，广西岭南文化是中华之瑰宝。它得益于岭南文化深厚的底蕴，我们应该更珍视、挖掘它，这是历史赋予我们的使命——让它跻身世界文化之林，长盛不衰，不断地传承下去……让这里的人们诗意地栖息下去……

　　是为序。

张中写于挂榜山下潜斋

戊戌年夏至

# 目 录

第一章

五岭之南——岭南民居环境

# 一、史说岭南大地

## （一）百越杂居之地

　　岭南历史悠久，早在70万年以前，即有原始人类在此劳作生息。距今约12.9万年以前，广东境内出现了早期古人（马坝人）。距今100000—20000年前，桂西、桂南、桂北的山区活动着古人类——柳江人。距今20000—10000年前，生活在广西境内的人类——麒麟山人已开始使用钻孔与磨尖的石器。桂林甑皮岩人遗址则说明距今10000—6000年前，广西古人类已开始从事原始的农业、畜牧业和制陶业。

　　战国时期，岭南称百越之地，广西属百越的一部分。商朝与西周时代，岭南的先民便与中原商周王朝有了经济文化往来。春秋战国时代，岭南与闽、吴、越、楚国关系密切，交往频繁。

　　秦末汉初，它是南越国的辖地。所谓岭南是指五岭之南，五岭由越城岭、都庞岭、萌渚岭、骑田岭、大庾岭组成。大体分布在广西、广东、湖南和江西四省区交界处。其中，广东、广西是岭南文化发源地。

　　"粤"今天作为广东的简称，原始的意义是指代华南百越（百粤），古文献中"粤"和"越"互为通假。隋唐以后，"粤"字意义收窄，指岭南地区，或称"南粤"。

　　历史上，唐朝岭南道，也包括曾经属于中国统治的越南红河三角洲一带。在宋朝以后，越南北部才分离出去，岭南之概念逐渐将越南排除在外。岭南是中国一个特定的环境区域，这些地区不仅地理环境相近，而且居民生活习惯也有很多相同之处。由于历代行政区划的不断变动，现在提及岭南一词，特指广东、广西、海南、香港、澳门。

　　要叙说岭南的历史，就绕不开中国历史上的两个伟大帝王：秦始皇与汉武帝。还有一个不得不说的人物：南越王赵佗。

## （二）秦始皇开岭南三郡

秦始皇统一六国之后，开始着手平定岭南地区的百越之地。公元前219年，秦始皇派屠睢为主将、赵佗为副将率领50万大军平定岭南。屠睢因为滥杀无辜，引起当地人的顽强反抗，被当地人杀死。秦始皇重新任命任嚣为主将，和赵佗一起率领大军平定越地，经过四年努力，公元前214年，岭南划进了大秦的版图。

秦始皇统一岭南后，今广西地域主要分属于桂林郡、南海郡、象郡，这是广西最早纳入统一的中央王朝版图。南海郡辖境是东南濒南海，西到今广西贺州，北连南岭，郡治番禺；湛江等地属象郡，粤西有一部分属桂林郡。

秦始皇在统一六国、创造辉煌的同时，又施行暴政，为秦的灭亡埋下了伏笔。秦王朝建立后，饱受战争之苦的黎民百姓渴望和平，医治好战争的创伤，过上安定的生活。但是，好大喜功的秦始皇却频频发动战争，滥用权力，施行暴政。他发兵北攻匈奴，筑万里长城，南平百越，建阿房宫，修骊山陵墓。秦法又极为严酷，广大民众生活在水深火热之中。

## （三）赵佗割据岭南

秦末，中原爆发了陈胜、吴广起义，各地义军纷纷揭竿而起，终致秦王朝灭亡，之后楚汉相争，中原动乱不止。当时作为"东南一尉"的任嚣采取了隔岸观火，"自备，待诸侯变"的政策。任嚣经过深思远虑，推出一套划地自守、割据南越的构想。可惜任嚣还未能将构想付诸行动就病重垂危，于是把龙川令赵佗密召至番禺城共商岭南大计。任嚣死后，赵佗接任南海尉，立即绝新道聚兵自守，派兵封锁了几个关隘，断绝岭南岭北的交通，首先牢牢控制了南海郡，静观中原之变，并阻止了战火向岭南蔓延。

赵佗审时度势，充分利用了岭南的险要地理环境和当时的有利时机。秦亡，赵佗更是放开手脚，出兵击桂林、象郡，将整个岭南归在其统治之下。当时群雄逐鹿中原，无人过问岭南边陲之事，赵佗便进一步自立为南越武帝。

赵佗立国后，立即开始治理这个王国，他在南越实行绝道闭关自治的办法，避开了中原的战火和动乱，在境内实行了有利于岭南发展的"和集百越"的民族政策。一方面，他仿效秦制，在岭南建立一个中央集权、郡县分治的封建王国，但又不像

秦王朝那样滥施暴政，而是有效地保护中原移民的政治、经济和文化传统，引进中原的先进技术，促进岭南生产力的发展；另一方面，他又提倡汉越杂处，尊重越人的风俗，任用越人的首领为国中重臣。南越王赵佗的治理颇有成效，使原来比较落后的南越逐渐强大起来。他曾得意洋洋地说："老夫身定百邑之地，东西南北数千里，带甲百万有余。"虽然是夸大海口，但亦反映出南越王国当时确实具有一定的实力。赵佗成了古代岭南历史上叱咤风云的第一人，其在位六十七年，将南越王国带至鼎盛，几位继承人皆不如赵佗，导致南越王国日趋衰弱，最终在汉武帝派五路大军夹攻之下灭亡，番禺城也被汉朝军队纵火焚毁。

## （四）汉武帝置岭南九郡

汉朝建立后，刘邦曾派陆贾出使南越，封赵佗为南越王。但吕后掌权后，实行"别异蛮夷"的政策，遏制南越的发展。南越欲讲和而不得，赵佗于是发兵攻打邻近的汉属长沙国，并自尊为"南越武帝"，与汉朝政府抗衡。吕后死后，文帝再派陆贾出使岭南，与南越再度交好。元鼎六年(前111年)汉武帝平定南越，统治南海、郁林、苍梧、合浦、儋耳、珠崖、交趾、九真、日南九郡。在苍梧郡（位于现今广西梧州、

● 图1-1　汉代陶船（张中　手绘）

贺州与广东封开一带）修建城池，以汉武帝圣旨中的"初开粤地，宜广布恩信"，命名为广信城。苍梧广信建城后，成为交趾部九郡的行政中心。

西汉时，合浦是我国"海上丝绸之路"的始发港之一。东汉末，交趾部改为交州，今广东省境包括交州辖下的整个南海郡，还包括苍梧郡、合浦郡、荆州贵阳郡和扬州豫章郡的一部分。东汉时期的交州包括今越南北部和中部、中国广西和广东的大部分。治所在番禺（今广州）。

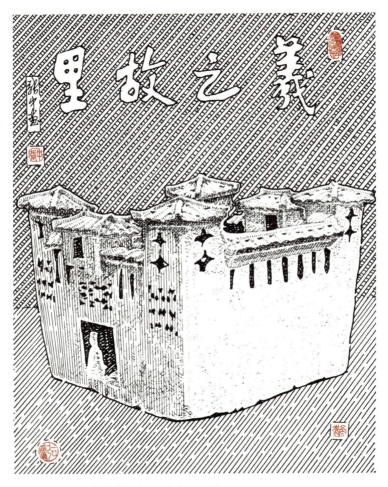

● 图1-2 汉代陶制围屋（张中 手绘）

古代岭南，由于崇山峻岭的阻隔，与中原沟通困难，因而开发较晚。但正是"山高皇帝远"，较少受到中原政治斗争的影响，经济发展一直较为平稳。与中原地区"以农为本"的模式相同，农作物为五谷，并以水稻为主，而且种植历史相当悠久。

除水稻以外，岭南水网纵横，气候温和，宜养鱼、种果、种桑、育蚕，重视经济作物与多种经营。岭南拥有较长的海岸线和较早开放的港口，海上对外贸易一直都在刺激着商品经济和商业意识。明朝至清中期，是古代岭南最繁荣的时期，广州长时间成为唯一的对外贸易港口，也是当时最大的商业城市之一。清朝时珠江商贸航运更加繁忙。康熙二十四年（1685年），在广州建立粤海关和在十三行建立洋行制度，乾隆年间，准许外国人在十三行一带开设"夷馆"，方便其经商和生活居住。

● 图 1-3　广西出土的清代瓷盆（张中　手绘）

# 二、概览广西地理

　　广西位于祖国的南疆，东南与广东相邻，东北部与湖南接壤，北部与贵州相连，西北部与云南相毗，西南部与越南交界，南临北部湾，是全国唯一的沿海少数民族自治区。广西位于东经104° 26'—112° 04'，北纬20° 54'—26° 24' 之间，北回归线横贯全区中部，幅员广阔，南北宽约610千米，东西长约750千米，总面积23.67万平方千米。广西的大陆海岸线长约1595千米，是西南地区最便捷的出海通道，具有沿海沿边的区位优势，在中国与东南亚的经济交往中占有重要地位。

●● 图1-4　广西"岭南都会"全景图（张中　手绘）

　　广西简称"桂"，是全国五个少数民族自治区之一。在旧石器时代的晚期，广西原住民的祖先——柳江人和麒麟山人，就在这片土地上劳动、生产。秦朝以前，它为古代百越民族分布的地区。秦统一中国以后，广西地区属桂林郡，广西称"桂"由此而来。三国时期，广西地区属吴。隋朝时期，属扬州所辖。唐朝广西先后属岭

南道、岭南西道。宋朝广西称为广南西路，简称广西路，广西之称即由此而来。元朝时期，广西属湖广行省，后湖广行省南部分设广西行中书省，开广西省之先河。明朝把省改为布政使司，置广西承宣布政使司。清朝设广西省，省会在桂林。民国时期，广西仍然设省，省会一度迁至南宁。中华人民共和国成立以后，设广西省。1958年，第一届全国人民代表大会第四次会议通过决议，撤销广西省，成立广西壮族自治区，首府设在南宁。

广西因大部分地区属于秦统一岭南设置的桂林郡而简称桂，首府为南宁市，下辖有南宁、柳州、桂林、梧州、北海、防城港、钦州、贵港、玉林、百色、贺州、河池、来宾、崇左14个地级市，37个市辖区、7个县级市（地级市代管）、54个县、12个少数民族自治县，共有110个县级行政单位。

● 图1-5　丰富多变的岭南建筑屋顶（张中　手绘）

广西是中国—东盟博览会的举办地。区内聚居着汉、壮、瑶、苗、侗、京、回等民族，汉语方言有粤语、西南官话（桂柳话）、客家语、平话、湘语、闽语六种，壮语方言有北部方言和南部方言，其他少数民族语言有苗语、瑶语等。

广西奇特的喀斯特地貌，灿烂的文物古迹，浓郁的民族风情，使广西独具魅力。广西属亚热带季风气候区，孕育了大量珍贵的动植物资源，尤其盛产水果，被誉为"水果之乡"，主要品种有火龙果、番石榴、荔枝、金橘、蜜橘、龙眼等。

● 图 1-6　桂东南梧州市藤县茶山垌寨门（张中　手绘）

## （一）优越的地理区位

广西位于东经104° 26'—112° 04'，北纬20° 54'—26° 24'，北回归线横贯全区中部。广西区位优越，南临北部湾，面向东南亚，西南与越南毗邻，东邻粤、港、澳，北连华中，背靠大西南，是西南地区最便捷的出海通道，也是中国西部资源型经济与东南开放型经济的结合部。

## （二）山地丘陵盆地地貌

广西地貌属山地丘陵盆地地貌，地势由西北向东南倾斜。广西的四周多被山地、高原环绕，呈盆地状。盆地边缘多缺口，桂东北、桂东、桂南沿江一带有大片谷地。西部、北部为云贵高原边缘，东北为南岭山地，东南及南部是云开大山、六万大山、十万大山；中部被广西弧形山脉分割，形成以柳州为中心的桂中盆地，沿广西弧形山脉形成众多中小盆地，形成大小盆地相杂的地貌结构。全区面积的70.8%为山脉、丘陵，石灰岩地层分布广，岩层厚，褶纹断裂发育，为典型的岩溶地貌地区。这样的地理环境很大程度上促使广西传统建筑形成了大量采用干栏等结构、依照山形地势而建的特点。

## （三）炎热潮湿的气候

广西地处低纬，北回归线横贯中部，南濒热带海洋，北接南岭山地，西延云贵高原，属云贵高原向东南沿海丘陵过渡地带，具有周高中低、形似盆地，山地多、平原少的地形特点。广西地处亚热带季风气候区，在太阳辐射、大气环流和地理环境的共同作用下，形成了气候温暖、热量丰富，降水丰沛、干湿分明，日照适中、冬少夏多，灾害频繁、旱涝突出，沿海、山地风能资源丰富的特点。

广西气候主要特点是炎热、潮湿、多雨。春季室内湿度大，有时达到饱和状态。除南部地区为热带季风区外，大部分区域属于亚热带季风气候区，季节变化不明显，雨量充沛，气候温暖潮湿，容易滋生各种细菌，古人缺乏现代医学知识，称其为"瘴气"，并把广西视为"瘴疠之地"。

广西炎热潮湿的气候环境决定了建筑物的冬季保温要求处于比较次要的地位，

而注重隔热、通风手段，以抑制细菌滋生，营造凉爽舒适的生活环境成为广西建筑最重要的特点之一。

● 图 1-7　岭南古村中常见的青石小道（张中　手绘）

# 三、寻源岭南民居

## （一）古代岭南民居

　　岭南的古建筑从时代来说，主要是指秦朝对岭南开始实质统治时到清朝1840年为止的建筑。中国古建筑可以分为官方建筑及民间建筑两大类。在封建时代，官方建筑如王府、衙门、庙宇等，其大小、面积、式样等，均有一整套形式规定，举国皆同，地方特色较少。岭南建筑的特色主要集中在民间建筑中，如民宅、会馆、祠堂等，其中以民宅最为常见。

●　图1-8　层次丰富的岭南民居聚落（张中　手绘）

　　岭南民居基本上分为三种类型。一是桂北民居，多为三进三间院落式；二是桂中民居，基本沿袭中原以天井为组合的三进式民居；三是桂南民居，主要分布在钦州、北海等地区及广东西部，其居住模式基本上是三间两廊式，在农村则采用双疠屋，并通过巷道联系布置，这种布局也被称为梳式布局，有时会依托山形地势在梳式布局的基础上进行灵活改变，形成复杂多变的变异，在城市则多为竹筒屋形式，尤其以城市主要街道两侧最为明显，以满足"前店后屋"的生活需求，也从一个侧面反映了商业活动在岭南文化中的重要地位。

　　此外，有些富裕宅户还在上述建筑样式的基础上带有小型庭院，称为宅院，或位于住家之侧，或前或后，或与住宅并联，有的带书斋，或斋宅院三者并联，或三者合一，甚至在院中布置假山流水、奇石怪树，形成更复杂的布局结构。

●● 图 1-9　岭南建筑中阳光充足尺寸宜人的院落（张中　手绘）

## （二）近代岭南民居

从1840年到1949年的近代，广西地区由于地处沿海，对外交往便利，各种国外风格，尤其是南洋风格的建筑形式传入广西，形成了土洋结合的岭南近代建筑风格，同时由于建筑材料和建筑技术的进步，出现了水泥等材料，两层甚至多层的建筑开始大量出现。使得岭南建筑呈现出与古代不同的风格，大致有以下特点：

●◐ 图1-10　民国时期经典建筑——博白县城厢镇大良村大平坡水楼（张中　手绘）

第一，务实性。

务实性是岭南近代建筑的一大特点之一，近代岭南建筑住宅，包括房间的大小、交通的联系、天井院落的布置都以朴实、实用为原则，不刻意追求表面的华丽。因此，岭南近代建筑，尤其是民间建筑，大多都比较平淡，不刻意追求装饰装修。

● 图 1-11　层次丰富的岭南古民居天井院落（张中　手绘）

第二，实用性。

岭南近代建筑的实用性以骑楼最为典型，岭南地区炎热多雨，尤其是春夏之交，天气一日数变、忽晴忽雨，路上行人往往猝不及防，狼狈不堪，对日常经商的商家来说，也是一大干扰。骑楼是对传统前店后宅式民宅的重大调整，改为下店上宅的模式，一来可以保护陈列的商品，不怕风吹雨淋，二来给街上行人避雨防晒，也可以更好地招徕顾客。同时，这也是行政命令的结果之一，当时岭南地区各城市均不约而同地规定，如骑楼下的行人道面积由店主提供，则政府在楼的上层补偿骑楼下全部面积或加一个系数给店主。各方均赞同这一规定，促使骑楼这一建筑形式在岭南地区遍地开花，盛极一时。

第三，继承性。

在近代岭南民居的发展中，一些民居是对古代原有的建筑形式进行近代化的演进。如骑楼，即是对传统岭南民居中城市里前店后宅式的密集建筑布局的改进，将原有的单层式建筑改为双层甚至多层楼房，将前店后宅改为下店上宅，获得更大的居住空间和商铺空间。在城市土地紧张的情况下，对传统的单层竹筒屋进行改进，演变成采用近代建筑工艺的多层式竹筒屋，继承了天井式竹筒屋的实用、方便等特点，创造了适合近代城市生活的单开间、大进深的建筑布局，左右邻居并联，获取更高的土地利用率。侨乡地区在传统的三间两廊传统布局的基础上，创造性地发展出庐式住宅，大量采用南洋别墅式结构，增加了客厅、饭厅、公共卫生区域等更接近现代建筑的区域空间，增加窗户数量，取消天井，增加阳台，形成更为接近现代建筑的式样。

## （三）当代岭南民居

岭南当代建筑，是指1949年之后的岭南建筑，有以下两方面的建筑特征：

第一，建筑技术特征。

仍然受岭南传统的社会、人文、气候、地理等因素影响，在通风、遮阳、通透性方面的考虑仍与传统岭南建筑风格类似，归纳起来有以下特征：开敞通透的平面与空间布局；轻巧的外观造型和明朗淡雅的色彩；建筑结合自然、庭园的环境进行布置；富有地方传统特色的装饰装修和细节处理。

第二，建筑象征特征。

建筑特征可以说属于观念、规律等范围，已经有一种概括性的内容表现，例如设计人员喜欢用的符号、手法、象征等都属于这一类。但这类象征符号并不是固定的，而是会随着时代的变化而变化，或淘汰，或升华。例如20世纪50年代，全国流行中国古典式建筑，如中轴对称、笨重结构、形象三部曲等，岭南建筑也不例外，但随着时间推移，这类特征很快过时，到70年代岭南地区又流行起板式建筑、平顶加裙房、遮阳板和通花窗结合的建筑形式，到80年代之后不复流行。总之，岭南建筑的象征性特征处在一个不断变化的动态发展中。

● 图 1-12　充满喜庆的岭南古民居大门（张中　手绘）

第二章

神秘多元——岭南人文性格

# 一、观历史文化

地理环境除了影响岭南建筑，也对广西的历史文化产生了深远的影响，自秦朝起，由于中原军民大多依靠贯通湘江水系—灵渠—西江（珠江）水系进入广西，依托水路交通的便利分布扩散，因此中原文化主要影响广西的平原和丘陵地区，而交通不便的偏远山区则更多地保留了传统的壮、侗、瑶、苗等少数民族文化传统，广西的传统建筑也因此形成明显的地域特征。

历史上，广西在保留绚丽多彩的少数民族文化的同时，受外来文化的影响也很深，主要有自北向南传播的中原文化。随着时代的发展，中原文化和少数民族文化相互交融，形成了广西文化之中中原文化与民族特色"混搭"的风格，同时也决定了广西建筑的岭南风格带有浓厚的少数民族特色，有别于岭南其他地区的建筑风格。

● 图 2-1　广西岭南地区出土的汉代铜羊灯（张中　手绘）

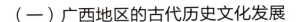

## （一）广西地区的古代历史文化发展

岭南地区和黄河流域、长江流域一样，都是中华民族文明的发祥地。地处亚热带气候区，依山傍海，河流纵横，生活在这里的古百越族先民，从早期的渔猎文明、稻作文明到后来的商贸文明，形成了与中原文化不同的苍梧族群文化。

秦朝，岭南统一于中原，秦、汉两代修灵渠、开庾岭，岭南与中原的交流日益密切。先是屯军贬官，更有几次战乱后的大量移民进入岭南，形成了汉民族分支之一的广府民系的雏形。

汉朝以后，北方的多次朝代更迭，导致大量北方民众南迁，其中又以晋末、唐末、宋朝等时期的几次大移民为主。中原移民南迁的过程，也是中原文化与苍梧族群文化逐渐融合的进程。先进的中原文化从衣、食、住、行等各个方面深刻影响着岭南地区。同时，移居的先民为求生存，也接受了苍梧族群文化中更重视渔业、经商、与外界互通有无的风气，使得中原文化重农抑商的传统受到削弱，造就了岭南文化有别于中原文化的开放、重商的特征。

## （二）广西地区的近代、现代历史文化

近代中国被迫打开国门之后，一直被视为边缘文化的岭南文化充分显示出其强大的生命力。岭南人得风气之先，竞相向西方学习现代科学与民主思想，革新发展了的岭南文化从广东辐射全国，在近现代中国现代化民主化的历史进程中发挥了巨大的作用。在改革开放的新的历史时期，岭南文化也同样面临着新的发展机遇，日益显示出其与时俱进的生命力。

# 二、考民系源流

先秦以来，历经两千多年的发展，广西的主要族群逐渐形成了壮、瑶、苗、侗等少数民族，以及以广府民系为主的汉族族群，桂中、桂南、桂东和桂北等地大多为汉族主要聚居区，各少数民族如苗族、壮族等呈大多与汉族等其他民族杂居，少

部分在桂西地区聚居的形态。

## （一）广西的少数民族群

早在旧石器时代，柳江人、麒麟山人、灵山人、白莲洞人等人类活动的遗址就已遍及广西各地。到新石器时代，原始人群已分布到广西的各个角落，桂林、南宁、玉林、百色等地都有新石器时代人类遗址的发现。及至商、周时期，广西的原住民与生活在今天我国的东南及南部地区的古民族一起，被统称为"越"。活动在广西境内的是西瓯和骆越，他们的分布大体上以郁江、右江为界，郁江以北、右江以东地区为西瓯，郁江以南、右江以西地区为骆越，其中郁江两岸和今贵港市、玉林市一带则是西瓯、骆越交错杂居的地区。

从秦朝开始，中原汉人迁入广西，部分百越原住民与汉族融合，更多的则退居山林，广泛分布于广西西南、西北、东北和中部的部分山区。同时，随着时代变迁，西瓯和骆越慢慢演变为现在的壮、侗、水、仫佬、毛南等民族。

苗、瑶两族在秦汉时期集中分布在今湖南地区，随着汉族南下，苗、瑶两族亦大量南迁。至唐宋时期，瑶族就已广泛分布于今湖南、广西、广东等相当广泛的区域。明清时期，瑶族更是大量南迁至广西，形成"岭南无山不有瑶"的分布局面。

苗族则在宋代就已迁至今贵州、云南、广西等地。回、彝、京、仡佬等族亦出于战争、生产生活等因素由外地迁入广西各地。这些民族的人们来到广西后，和百越族群一样，少数被汉族同化融入其中，更多的居于山区。相似的民族心理和相同的生存环境使得外来诸少数民族的生活文化习惯更为偏向壮、侗等世居民族。

## （二）广西的汉族民系

秦汉以后，汉人四次大规模南迁，亦有不少因军事成边、逃难、经商等迁徙的汉族移民从湖南、广东通过潇贺古道、湘桂走廊和西江流域进入广西，并集中分布在今广西东部地区。在各个历史时期中，明清两朝进入广西的汉族移民数量最多，到清末民国初期，广西少数民族人口与汉族人口的比例相当。到了20世纪40年代，汉族人口"约占（广西）全省人口的百分之六十"，这个格局一直保持至今。

目前，广西的汉族人口主要集中分布在广西东部、东南部和东北部的桂林、贺

● 图 2-2  岭南回廊式古民居（张中  手绘）

州、梧州、玉林、防城港、钦州等市，地理上连成一片；另外，柳州、南宁、河池、来宾等城市或各县的县城，也是汉族聚居地。

入迁广西的汉族，从民系的角度，可大致分为三类：湘赣、广府和客家。

### 1.湘赣民系

湘赣民系主要分布于湖南洞庭湖以南、资水以东和江西的大部分地区。由于广西东北部地区在历史上与湖南南部曾同属一个行政区域，因此当地居民多为湖南移民后裔。早在明代以前，就有湖南人口零星移居桂林，自明中期开始，桂东北地区就开始成为湖南籍移民分布最为集中的地区，其中大多因卫所驻守而来。明朝后期至清朝，又有大量湖南籍农业移民进入桂东北。大量湖南人口的迁入，使这一地区成为湘赣民系在广西的主要分布区域。

### 2.广府民系

广府人则主要由汉族移民与古越族杂处同化而成，广府人的先民最早在广东定居，而真正意义上的广府人进入广西则是从明清时期开始的。随着大量广府商人西

●● 图 2-3　岭南地区清代古建筑（张中　手绘）

进经商，广府民系在广西散播开来。广府民系文化既有古南越遗传，又得中原汉文化哺育，也受西方文化及殖民地畸形经济因素影响，具有多元的层次和构成因素。

广府人具有敢于探索和尝试的拼搏精神，思路较为开阔，敢于吸收、模仿和学习西方物质文明和精神文明，并将传统文化与之相互融合。这个特点是岭南建筑中西合璧风格形成的重要原因。

### 3. 客家民系

相对于广府人，客家人进入岭南地区的时间较晚，由于平原与河流三角洲地区被广府人占据，客家人只能深入交通闭塞的山区，因而被称为"丘陵上的民族"。客家人迁桂并形成规模是在明清时期客家第四次大规模迁徙期间，入桂是因为仕宦或躲避战乱。这一时期来自中原的客家人甚少，绝大多数来自福建地区和广东嘉应州（今梅州）、惠州、潮州等客家人主要聚居地。客家人入桂很少是一次性的迁徙而定居下来，多数是几经辗转流离至此，主要分布在桂东南、桂东、桂南和桂中各地。

# 三、论文化特征

## （一）自强自立的文化品格

广西各族人民长期在较艰苦的环境中从事生产劳动，养成了一种自立自强的性格，加上语言的隔阂，对外来文化不容易接受，往往需要经历一个认识与消化理解的过程。

首先，表现在"力田轻商"的文化心理。在许多史志典籍上几乎都记载有广西民众"颇力于田""民安本业""耕渔为业""唯知力穑，罔事艺作""力耕为业""业鲜蚕桑技艺"等，同时又说他们"不谙贸迁""不知商贾""不务于末"。在大苗山等地，还流行着"苗不经商"的俗话。文人学士更是以经商为耻。在一些圩镇多是进行以物易物的活动，以满足自己的生产与生活需要为限，很少人从事以买为卖的商业活动。这种情形，直到近现代才有些改变，但也多局限于沿海沿江的一些口岸城镇。这种"力田轻商"的文化现象，与广西各族人民很早就进入农耕活动，长期过着"日出而作，日入而息"的自然经济活动有着密切关系。

　　其次，表现在对外文化的改造融合上。广西文化在自己发展的历史过程中，曾不断地吸取外来文化的精华，在保持自己独立性的前提下，攫取其中对自己有用的成分，改造成自己的东西。

　　广西丰富的民系和少数民族造就了绚丽多彩的文化，悠久的历史孕育出灿烂的文化艺术，并形成了自己独特的文化特点。如壮族的铜鼓、花山崖壁画早已闻名中

●● 图 2-4　广西岭南地区出土的铜鼓（张中　手绘）

外，各民族的民歌在全国也享有盛名。此外，包括织锦、刺绣、陶瓷、竹编和芒编在内的各色工艺品，具有民族特点的壮族干栏式建筑，侗族风雨桥、鼓楼等民族建筑等，都是广西各少数民族文化艺术的瑰宝。广西的少数民族在饮食、服饰、居住、节日、礼俗方面都有鲜明的民族特色，其中壮族的歌、瑶族的舞、苗族的节、侗族的楼和桥都是极具少数民族特色的瑰宝。

侗族的风雨桥是我国闻名的木建筑，是侗族的象征。桥身建筑不用一枚铁钉，全是榫头结合，高超的建筑技艺令人惊叹不止。侗族的楼，包括吊脚楼、鼓楼、凉亭、寨门、水井亭等几种木结构建筑，都是独具特色的侗族建筑。近年来，侗族的建筑艺术展，更是轰动了全国，人们一致称赞侗族的建筑艺术是"凝固的诗，立体的画"。它是岭南建筑风格的原生形态。

●◗ 图 2-5　柳州市三江古宜镇程阳风雨桥（周娴　摄）

中原有女娲抟土造人的神话，而广西的壮族有米六甲用泥浆造人的神话。《孟姜女》《梁山伯与祝英台》都是广泛流行在中原地区的民间故事，但到广西便改变了面貌。如祝英台在广西不是富家小姐，而是一个生长在山区的村姑，很会唱山歌。

一天她挑水时遇到梁山伯出外读书，便主动结识，把他请到家，然后她女扮男装，自己挑着书箱行李与梁山伯一道去求学。他们读书的地方不是杭州城，而是柳州。"十八相送"时，他们不唱缠绵悱恻的情歌，而唱地道的广西山歌。他们死后，不是化为蝴蝶，而是成为天上的两颗星星。故事中的人物不仅有着广西壮族人的性格，而且广西的许多民族风情也容纳于其中。

## （二）灿烂多彩的文化格局

由于多民族长期共存，广西境内各地在相当长的一段时间内，政治体制与经济发展形态不一致，加上地理条件复杂，山区交通闭塞，人们分别生活在四面环山的峒场或一些河谷地带，与外界联系不多，因此，形成一个个各自不同的"峒场文化"，甚至在一座山的两边，言语也不尽相同，历来有"五里不同风，十里不同俗"的说法。桂西等地的这种"峒场文化"，与桂东地区的文化有较大的差别。同样的，桂南文化与桂北文化也不尽相同。此外，由于接受不同外来文化的影响，助长了广西各地文化多元化的形成。据现代教育家雷沛鸿的研究，广西在不同的时期不同的地区，曾经接受过多种外来文化的影响，主要有"中原文化""高地文化"与"低地文化"。中原文化主要影响桂北与桂东。高地文化，即西南文化和陕晋文化进入广西的途径各不相同。西南文化源于云贵高原，沿着扬子江的岷江、金沙江—红水河，到广西西北部和中部。陕晋文化，在明朝灭亡后，以李自成余部李成栋、李定国等陕西、山西籍为主干的义士，起兵勤桂王，由肇庆—南宁—濑滩—右江—迁江—广南—隆安，繁衍于广西西北部。低地文化，或称海洋文化，分两个途径进入广西：一是自北而南，东瓯、闽越等浙闽文化沿海南移由福建至广州（高州、雷州、钦州、廉州）而进入广西东南部；二是由南而北，亚洲南部及南洋群岛、苏门答腊、马来半岛、缅甸、暹罗、安南等异域文化，北进龙州—明江—上思，扎根于广西西部及西南部。在近代，还有太平天国的领袖洪秀全、洪仁玕、冯云山所带来的西方基督教文化等。这些外来的文化，既给广西本土文化以很大的冲击，又注入生机与活力，加强了广西文化多样性的格局。

广西各种民族流传的各种民歌，为广西赢得了"歌海"之称。此外，每个民族都有自己的优美动人的长诗、故事、传说、神话、童话、民谣等。各民族的文艺更是绚丽多彩。其中有壮剧、师公戏、侗戏、苗剧、毛南剧等少数民族戏剧，还有桂剧、彩调剧、邕剧、牛娘戏、桂南采花戏、粤剧、文场、桂林渔鼓等地方戏剧和曲艺。音乐、舞蹈品类繁多，各具特色。扁担舞、铜鼓舞、多耶、芦笙舞等富有民族特色和地方风采。壮锦、瑶锦、侗锦以及刺绣等，图案别致，纹样精美，色彩绚丽，名扬海内外。名胜古迹，美不胜收，铜鼓和花山崖壁画闻名中外。壮族的"干栏"、侗族的风雨桥和鼓楼以及真武阁等建筑别具风格。民间医药内容丰富，疗法独特，成为中国传统医药中的珍宝。

● 图 2-6　广西岭南地区出土的汉双羊形铜杖首（张中　手绘）

●● 图 2-7　壮族干栏式民居（周娴　摄）

　　广西的民族文艺是在民族的土壤中生长和发展起来的，它具有各民族的心理特征和气质风韵，以及表达思想感情的独特方式，具有浓厚的生活气息和独特的民族风格。在少数民族文化作品中，影响较大的有取材于壮族生活，并出于壮族作家之手的《百鸟衣》《刘三姐》等。广西文化艺术是祖国文艺园地里一枝艳丽的"奇葩"，在中国文化中占重要的地位。

　　广西文化多元化的一个突出表现是，民间的多神信仰。广西境内无论哪一个民族都没有形成一个统一的宗教，始终奉行多神信仰。如桂林跳神，祀奉的对象有"三十六神""七十二相"。其中有壮族的"圣母"（花婆）、"三姑"（白马三姑），有汉族的"鲁班"、"令公"（一说唐代李靖，一说宋代杨业）、"武婆"（武则天），有道教的"梅山""老君""玄女"，有佛教的"判官""五府"等，另有本地的"莫王"、"广福王"、"游女"、"焦炉"、"梁吴"（牛官）、"耕种郎"、"纺织郎"，以及从荆楚地区借来的"门神""山魈"等。据刘锡蕃《岭表纪蛮》载，壮族所供奉的神祇有近百个，而且南北壮不尽相同。仅有7万人口的毛南族就有九十多位信仰的神。

## （三）不同寻常的文化思维

广西文化在发展过程中，曾经历过"信巫鬼，重淫祀"的一个较长的历史阶段。这是由于社会生产不发达，科学水平低下造成的。随着科学的发展，这种迷信之风逐渐从人们的生活中消退。但"信巫鬼，重淫祀"作为一种文化现象，像一切事物一样具有两重性。它既含有迷信和束缚人们思想的消极一面，也有给人们丰富的想象力与创造力的积极一面。正是在这种万物有灵的观念主宰下，广西各民族的先民创造了绚丽多姿的神话世界。如壮族的始祖神米六甲、创世神布洛陀，以及敢于斗雷王的布伯、能够移山开河的岑逊王、敢于造反的莫一大王、瑶族的盘王及密洛陀、侗族的祖母神萨岁等。至于那气势磅礴的花山崖壁画，精雕细刻的铜鼓，色彩斑斓的壮锦，摇曳多姿的蚂拐舞，无限丰富的神话传说，以及描绘各民族艰苦斗争的发展历程的史诗，更是广西文化的瑰宝。以上都是高度想象力的产物，是超常思维的智慧结晶。

● 图 2-8 岭南特色的宗祠大门（张中 手绘）

这种超常思维模式，给居住在广西的人们以极为宽广的创造空间和超常的文化创造能力。人们面对一只飞鸟，把它当作一位美丽的姑娘，编织出凄切动人的"百鸟衣"故事；将一条小蛇变化为一位英俊的小伙子，建构出曲折离奇的"蛇郎"神话；一只蚂拐在倾刻变成国王的驸马；公鸡能把沉在海中的太阳叫唤出来；狗可以长出九条尾巴到天上盗来谷种；从一朵鲜花里走出一位"花婆"给人们送来孩子；铜鼓也会长出翅膀飞到深潭中拿妖捉怪；等等。这一切在现实生活中是不存在的，可是人们需要这样，认为应该这样，借以补偿物质生活匮乏，使心理达到某种平衡，从而更有信心去创造生活。久而久之，这种充满想象力与创造力的思维，形成超常的思维模式，使广西的文化特色更为浓郁。

● 图 2-9　充满想象力的岭南民国建筑群（张中　手绘）

第三章

依山傍水

——岭南民居聚落

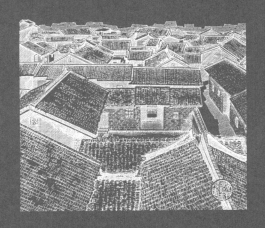

岭南民居聚落在选址、建造的过程中，某种程度上比我们现代的住宅建设更加考究，更加精细。前人力求最大限度地利用自然地形、顺应地形进行宅基地的选址，讲究山环水抱，背山面水；在具体的建造过程中，又充分适应当地的气候特点，如日照、雨水、风向、雷电，同时，又考虑了生活排水、防火防盗、家庭祭祀、教育、议事等方面的使用要求。

# 一、传统聚落选址

## （一）岭南民居聚落内涵

以岭南民居聚落为核心的岭南乡土文化有其特定的生命机制、独特的物质载体和丰富的情感品格。对于传统民居的"生命与有机"，既可以看作是它从发生、发展到消亡都与物质世界和精神世界相联系，也可以理解为它与人的活动密不可分，从而延续人类的文明史。民居一旦形成聚落，它就融入环境中，物化了自然，也人化

● 图3-1 讲究风水格局的岭南民居聚落（张中 手绘）

了自然，并且与之融合成一体。

## （二）自然因素影响下的聚落选址

在岭南民居聚落的选址与布局中，保留着一些理性原则和村镇礼教的痕迹，但大多数村镇形态受自然条件的制约，更多地表现出适应自然环境，包括地理位置、地形、气候等特点的布局形态。相比较而言，村镇环境受自然环境、地理条件的制约较大，从而在选址布局时更多地考虑与水湾、耕地及地区小气候的关系。

●● 图 3-2 岭南桂东南地区常见的炮楼（张中 手绘）

### 1. 顺应地形、地貌的聚落选址

自然条件包括气候、地形、水源、植被等要素，这些因素显著地影响着村镇形态和景观。传统村镇规模小而且分散，多呈"面"的形态接触自然，在其选址和演化过程中，必须综合考虑地形、水源、气候、防洪等需要，采取和自然环境和谐共生的态度，以适应自然条件，完善自身体系。

　　广西境内多山，村镇布局常沿地理等高线布置在山腰或山脚。在背山面水的条件下，村镇多以垂直于等高线的街道为骨架组织民居，形成高低错落，与自然山势协调的村镇景观。聚落建筑能够充分适应自然环境条件，因地制宜，最大限度地利用山、水、民居、绿树，构成错落有致的街景空间，极富自然情趣。

●● 图3-3 曲折迂回的岭南古民居（张中 手绘）

## 2. 受水网、水源影响的聚落选址

　　传统村镇的选址布局有明显的"亲水性"，尤其是河网密集的地方。纵横交错的河道具有道路的功能，常以舟船为主要交通工具，河道形成水街，因此陆上街道的车辆不多，街面较窄，有的不足1米，被称为"一人巷"或"一线天"。依靠河流生成的村镇常以水道为自然村镇的导线，住宅成片临河，或顺从河道的曲折走向，交错排列于一侧或两侧。盘曲在街巷中的水系，既是居民生活用水的主要来源，又是木质结构民居的防火用水来源。

● 图3-4 广西岭南滨水民居（张中 手绘）

● 图3-5 玉林市高山村古巷（张中 手绘）

### （三）传统文化影响下的聚落选址

由于生态环境的原因和传统文化的熏染，"风水"之说对广西民族的影响甚为广泛而深刻，与"风水"密切相关的"龙脉"情结，深深植根于其集体无意识之中。所谓"龙脉"，即人们根据山形起伏将其想象成游龙、蹲虎、睡狮、坐椅、华盖、网罾等动物或者器物。民间普遍认为，倘若建筑物承接了这些动物或者器物的神韵，并且与自身的福缘结合在一起，就能给家庭、家族或者社区带来福荫。

如兴业县洛阳镇新忠村村落布局，位于背山抱水的腹地中，登山俯视，左青龙右白虎，青龙山高于白虎山，远方有笔架山，据传明朝的中原洛阳人搬迁至此形成了村落。

●● 图 3-6　贺州昭平县黄姚古镇（周娴　摄）

### （四）不同地域的聚落选址

#### 1. 河谷地带的民居

桂中地区多处于红水河下游与右江流域范围内的河谷地带。与高山型不同，此类村落中平地较多，因此耕地也较多且肥沃，水源也较为充足，故而村落的分布较为密集，一般距离1千米左右，每一村多在100户以上，大的村落可达200—1000户。在这样的地区，村民在选址时为了避免洪水侵袭，往往将房屋建在较高的二级台地上，村落的形态根据具体历史自然环境的不同营造成团状、带状或块状。

● 图 3-7 　与自然融为一体的岭南古民居（张中　手绘）

## 2. 喀斯特地貌地区的民居

桂南、桂西南地区地形多为喀斯特地貌的石山地区，海拔中等，由于石山难以开挖住屋基础，此外山上水资源缺乏、林木稀少，因此这里的壮族人民一般选用山峰之间的盆地浅丘来安身立命，利用汇集雨水或者小型的溪流来解决水源的问题。

这些位于大石山地区的村寨，由于山腰和山顶都绝少土壤，村民不得不将房屋

建在山底以利用有限的土地资源和雨水，这样的村落规模都很小，通常才一二十户。山底空间封闭而湿气较重，并非优秀的定居场所，好在石山坚固没有滑坡之虞。这一类型的壮族村寨在广西分布范围很广，但人口数量不多，皆因石山地区水源稀少，山中盆地取水困难，所以能承载的人口数量有限。

# 二、多元聚落类型

## （一）按巷道路网进行分类

按巷道路网进行划分，岭南民居聚落可分为网格式布局与放射状布局。

### 1.网格式布局

网格式布局是一种方正布局的形式，这类村落一般由横竖几条骨干巷道切分村落格局，形成几横几纵结构，村外围是祠堂或广场，水系绕村而过，整个村子富有节奏和韵律。如玉林市福绵区福西村，村落为两纵七横结构。村庄由两条纵向主干道围合而成，中间有七条横向主干道对村落进行划分。建筑主入口面向主干道，建筑后面是村民的庭院空间及活动场所，整体布局较为方正，秩序井然。

### 2.放射状布局

放射状布局是一种特殊的形式，这类聚落一般依岗或依洲而建，以岗或洲的最高点为中心，由此向外发散几条骨干巷道，聚落外围是祠堂或广场。形成水绕村，中心高四周低的放射状。如百色靖西旧州古城，旧州一带奇峰秀美，山水如画，田园似锦，历史悠久，壮民族民俗风情浓郁。文昌阁是旧州古城的中心，位于旧州街以东约1千米，建于鹅泉河中的小岛上，是一座四角形三层高的古阁，阁高约15米，阁底面积约16平方米，建于明清时期，兀立水中，犹如绿带上镶着的明珠，独有风采。

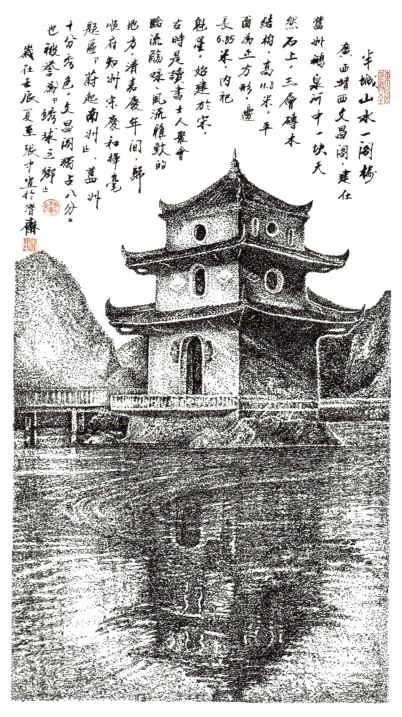

半城山水一阁楼

广西靖西文昌阁，建在旧州鹅泉河中一块天然石上，三层砖木结构，高11.8米，平面为正方形，边长6.85米，内祀魁星，始建於宋，古时是读书主人聚会赊流筋竎、风流雅致的地方。清嘉庆年间，归顺府知州宋度和捐建，题历「文昌阁」，旧州南州止，十分秀色，文昌阁独古八分。也被誉为「绣球之乡」。岁在壬辰夏至张中览於潜庵

● 图 3-8　广西清代著名古建筑旧州文昌阁（张中　手绘）

## （二）按建筑聚合方式进行分类

按建筑聚合方式划分，岭南民居聚落可分为组团密集式布局与自由散点式布局。

### 1.组团密集式布局

聚落内有多个姓氏、多个宗祠，聚落以不同的宗族聚居形成多个组团，各个组团以宗祠为中心。如玉林市玉州区高山村，宗族之间联系紧密，建筑连片而建、巷道相通，呈现多中心、密集式布局。高山村古民居很少有独门独户的建筑格局，大多连片而建，辅以巷道相连。村里有牟、李、陈、钟、冯、朱、易七个姓氏，在八百年的历史进程中各姓之间始终和睦相处。全村共有13座宗祠，主要是牟、李、陈姓的宗祠，牟氏家族对于宗祠尤为热衷，大宗建宗祠，小宗又建自己的宗祠。全村以宗祠为中心形成组团密集式布局。

● 图3-9　广西岭南宗祠代表玉林市高山村绍德祠（张中　手绘）

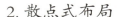
## 2. 散点式布局

聚落内有多个姓氏及多个宗祠，聚落以不同的宗族聚居形成多个组团，各个组团以宗祠为中心。组团分散，彼此有一定距离，呈现多中心、散点式布局。如玉林市福绵区大楼村，大楼村先祖从莆田迁居至此，以客家文化为载体，以客家围屋为形态，建成以郑氏、黄氏和姚氏聚居的村落，是少有的三氏共荣的客家村落。大楼村划分为三个组团，分别以郑氏宗祠、黄氏宗祠、姚氏宗祠为中心，形成散点式布局。

●● 图 3-10　玉林市福绵区新桥镇大楼村（航拍）

## （三）按防御性能进行分类

按防御性能划分，有单一家族、宗族的围寨式布局，也有多个宗族聚居的围寨式布局。如玉林市硃砂垌客家围屋，硃砂垌客家围屋位于玉州区南江镇岭塘村，是一种聚族而居，具有防御性质的城堡式组群客家民居建筑。围屋距今已有二百多年的历史，居住在围屋的黄氏客家居民是清朝乾隆年间从今广东梅州市梅县区搬迁至此的。硃砂峒客家围屋坐东向西，背靠山坡，依势而建，大门前有一块禾坪和半月形的池塘，禾坪用于晒谷、乘凉和其他活动，池塘具有蓄水、养鱼、防贼、防火、防旱等作用。

　　整个围屋占地15000多平方米，是以祠堂为中心两侧对称的纵向四排建筑，围屋的围墙高6米，厚0.7米，呈马蹄状环绕整个村落，墙体上遍布枪眼，围墙上设有可作瞭望、射击用的炮楼，其防御功能不言自明。

●○ 图3-11　玉林市硃砂峒客家围屋（周娴　摄）

## （四）按行政功能进行分类

　　岭南民居按行政功能划分，有岭南古镇与岭南古村。本书所选取的岭南古村镇为保存文物特别丰富，且具有重大历史价值或纪念意义的，能较完整地反映一些历史时期传统风貌和地方民族特色的村镇。

探寻古村镇的风韵，是我们的一种情怀，即使岁月流逝，老屋却留在了山水间。每一座古村镇都是历史的产物，都是水净、气净、土净，风景如画的地方，它们矗立着，不说话，只是默默地迎接你，携带着陈旧、落后和原始。

# 三、聚落空间环境

岭南民居聚落空间环境主要由村落边缘景观和村内空间环境构成。

## 1.岭南村落边缘景观

岭南村落边缘景观主要由松杉河道、农田藕塘、桑基鱼塘和果林花卉等组成。松杉河道是指村落外围两岸种植水松、水杉的河道。水松是常绿乔木，水杉是落叶乔木，均属杉科。它们的形态非常接近，一般可高达20—30米。船在河涌穿行，清疏劲挺的水松、水杉既能提供浓荫又不会遮挡视线，不但有较高的观赏价值，还具有固堤、护岸、防风的功能。

与松杉河道一起构成村落外围景观的还有桑基鱼塘一望无际的原野空间形态，或成组成片的果林花卉。

基塘是指广西地区的"果基鱼塘""桑基鱼塘"和"蔗基鱼塘"的农业经营模式，在同样面积的土地上种植经济作物，远比种水稻等粮食能获得更多的经济效益。桑基鱼塘这种基种桑，塘养鱼，桑叶饲蚕，蚕屎饲鱼，塘泥培桑的生产方式，形成蚕粪喂鱼，塘泥肥桑，栽桑、养蚕、养鱼三者有机结合，使桑、蚕、鱼、泥之间相互依存、促进，在获取经济效益的同时营造了循环经济的理想生态环境。

● 图3-12 岭南村落"天人合一"的自然景观（张中 手绘）

## 2.岭南村内空间环境

岭南村内空间形态构成，除了表现在村落外部的松杉河道和田园风光，还表现在村边的水口园林，村内的榕荫广场、河涌水道、街巷空间和民居庭院等方面。

（1）村头水口。

所谓"水口"即村落中水的流入或流出的地方。岭南民居聚落多以水口作为村落的门户，在此建桥镇锁水口，并广植高大乔木，旁建水口庙、文峰塔或炮楼等高耸建筑物。水口的设置一般是因地制宜，利用天然溪流和山林，将山水、田园、村舍融为一体，高耸的文塔使之成为村落的标志性景观。文塔、石桥、古榕、河流、廊亭是构成水口园林的物质要素。

● 图 3-13 武鸣文江塔、兴业县石嶷文塔（张中　手绘）

（2）榕荫广场。

在岭南民居聚落，每个村落都有一棵或数棵古榕立于村口，成为村落的标志性景观。在村前村后水塘旁边的广场上，多植有巨大的古榕，浓荫覆地。榕树作为南方特有的树种，适应了高温多雨的气候特点，生长迅速且根部宽大发达，树枝浓密

婆娑利于遮荫。大榕树下，是岭南水乡村民聚集休闲的主要场所。

（3）河涌桥梁。

岭南民居聚落"小桥流水人家"的景色随处可见，桥是构成水乡聚落的重要元素，它是路的延续，是跨越河涌的通道，也是体现水乡特色的重要载体。

岭南民居聚落的桥主要有两种：

一种是石拱桥，常以中孔最宽，也为桥的最高点，两边次孔面宽逐级递减，各孔随中孔之高渐次低下，形成桥面缓和的坡度，石拱桥上做有精雕细刻的各式栏杆，使桥显得稳重而不失优美。

● 图 3-14 岭南五拱古桥万济桥（张中 手绘）

另一种是更为常见的平桥，有水泥桥或木板桥，离河水面较贴近，单侧或双侧设扶手，显得较为简陋。

（4）水埠驳岸。

岭南民居聚落河道的驳岸构成丰富多彩，按其断面形式可分为自然式、规整式和混合式驳岸。

自然式驳岸是带有植被的缓坡驳岸，富有天然野趣，常见于聚落外围；规整式驳岸常用麻石、红砂岩、毛石、砖等砌筑而成，它与水界面交接形成的岸线较笔直，剖面通常是垂直或陡坡交接，抗灾防洪能力强，常用于穿于村落的水道；混合式驳岸同时见于聚落内部与外围，通常为用砖石砌筑加固，上覆植被形成，与以上两种相比，砌筑显得较为随意，其形态与质感更具有生态感与乡土气息。

水埠是河岸与水面发生联系的驿站，它具有汲水、洗涤、登临、装卸、停泊等功能，一般都是由麻石叠砌而成。通过水埠，河与街巷有了更进一步的联系，形成水陆转换的空间统一体。依据水埠与河岸的关系，实质是河与街、巷之间的交通位置、空间用地大小等关系，水埠形式常见有平行式、垂直式和转折式等。埠头前置有广场或开阔地，村民常年乐于榕树下纳凉、聊天、下棋等。

（5）街道内巷。

岭南民居聚落是由街巷划分，村落道路系统一般由街、坊、里三级组成，街巷布局多呈树枝状，街为干，坊、里为枝。

村落主干道多与河涌平行，一般的巷道与主干道垂直，街巷的尽端分为通头巷与掘头巷两种处理形式。通头巷也是划分民居建筑聚落单元的界面，保证交通的通畅与便捷，这类通达的巷道人车不多，干扰较少，属于半私密交往空间；掘头巷在公共活动中属于私密交往空间，巷内安静，活动人员基本为邻居，相互熟悉，基本没有外来的干扰。

● 图3-15　岭南民居聚落（张中　手绘）

第四章

# 朝花夕拾

## ——岭南古镇拾遗

# 一、千年扬美，世济其美

　　扬美古镇位于左江下游，三面环江，距离南宁市城区38千米。奔流东去的左江在这里形成了一个向西北凸出的半岛，古镇地处半岛入口处的左江谷地，属于低丘陵台地岗地地貌，地形起伏小，只有相对高度小于50米的小山丘零星分布。扬美古镇是广西古代"四大圩镇"之一。

●● 图4-1　广西四大古镇之扬美古镇（张中　手绘）

古镇的历史可以追溯到北宋早期，至今已有千年历史。相传罗、刘、陆、李四姓来到这里建立村寨，因见遍地荆棘丛生，白花铺地，取名"白花村"。宋朝名将狄青平定南方叛乱后，村子成为部队驻扎地，并建设了烽火台等敌情信息传递设施。从此以后，各方人士搬迁至此，村子逐渐发展壮大，周边环境也发生了较大的变化，再也不是当初荆棘丛生的荒凉之地了。于是，人们根据村子清溪（即左江）环绕的特征，将村名易名为"扬溪村"。到了明朝，村子被更名为"扬美村"。

扬美古镇周边自然地理环境符合风水学关于住宅选址的原则，整个古镇坐北朝南，正对左江来水方向。尽管地处左江河谷，地势平坦，没有延绵的山脉作为龙脉，但依然四象（左青龙、右白虎、前朱雀、后玄武）俱备，背靠南蛇岭和雷埝岭，左侧是九球岭，右临左江，江边有状元石、姜公石、莲花石等奇石耸立，南边有木壳岭作为案山。古镇朝向左江来水方向，进水口方向有木壳岭和烽火台在左江两岸护卫，江水在村前蜿蜒前行，流过古镇后突然拐了一个大弯，然后向东流去，从古镇方向看去，根本不知江水流向何方，出水不知去向。不仅如此，在出水口一带，沿江有卫士石马、思妻石、海狮回眸等奇石在沿江两岸护卫。在中国传统文化中，水是财富的象征，中国人有财不外露的传统，在建筑中也继承了这一传统，特别重视水流的形状和水口，要求进水口和出水口有小山或奇石守护。这些都在扬美古镇的自然地理环境中得到了很好的体现。

扬美古镇自明朝开始，因得水路舟楫之便，商业得到发展并不断繁荣起来，到清朝时达到鼎盛。"大船尾接小船头，南腔北调语不休，入夜帆灯千万点，满江钰闪似星浮。"呈现出一派繁荣景象，沿江建有八个码头，成为左右江下游地区方圆百里之内的主要物资集散地和著名商埠，有"小南宁"之称。新中国成立后，随着陆路交通条件的改善，扬美古镇不是重要的交通节点和行政中心，也逐渐失去了昔日的交通和区位优势，商业开始逐渐衰落。尽管如此，古镇的古建筑风貌、环境和文化氛围仍然较为完整地保存了下来。整个古镇由中心街、和平街、平安街、振兴街、解放街、临江街、新民街、共和街八条街道组成，街道由青石板铺就，两侧是青砖黛瓦的古建筑和古商铺，以及那些因经商发家后建设的私家庄园。虽没有了昔日的繁荣，但扬美古镇保存至今的明清时期古街、古巷、古祠、古庙、古宅、古树、古闸门、古码头、文武塔、烽火台，古色古香，韵味无穷。明清古宅鳞次栉比，名胜古迹星罗棋布，七柱屋、举人屋、进士第、慕义门、禁约碑、黄氏庄园，古老的街巷，陈旧的宅院，古旧的窗棂，幽深的庭院，刻龙雕花的飞檐，布满青苔的墙脚，弥漫着平淡与安宁。

● 图 4-2　岭南地区古宅院（张中　手绘）

# 二、悠悠黄姚，沉吟至今

　　黄姚古镇位于广西贺州昭平县东北部，地处钟山县、平桂区、平乐县、昭平县的交界处，距离贺州市区40千米，距桂林市区200千米。黄姚古镇发祥于宋朝，兴建于明朝万历年间，鼎盛于清乾隆年间，已有近千年历史。由于镇上以黄、姚两姓居民居多，故名"黄姚"。黄姚古镇在明清时期是贺州地区的商业重镇，清朝以后，随着黄姚商业的发展，聚落和街道向兴宁河以北、姚江以东发展，黄姚从一个只有一条小街的聚落发展成人数众多的大镇。黄姚古镇2007年被国家文物局列为第三批"中国历史文化名镇"，2009年被国家旅游局批准为4A景区。

● 图4-3　贺州黄姚古镇（周娴　摄）

　　黄姚古镇周围有酒壶、真武、鸡公、叠螺、隔江、天马、天堂、牛岩、关刀九座山脉，从四周聚向古镇。姚江、小珠江、兴宁河三条河流交汇于古镇。黄姚古镇的居民主要来自我国东南地区，村镇的选址深受东南地区汉族风水文化的影响。黄姚古镇被群山环抱，被绿水绕行，具有东南风水理论所要求的全部要素。

黄姚古镇同姓民居建筑多以祠堂为中心修建并向外辐射。黄姚古镇现有八大姓氏、九个宗祠、两个家祠，民居建筑多为同一姓氏围绕祠堂周围居住。古镇居民多为明末清初因避战乱或经商等原因迁徙至黄姚的移民，迁至黄姚后多以经商为生，家境普遍富裕。因此在住宅的建筑考虑上，更多的是出于抵御战乱与盗贼抢掠财物的防御与安全需要，无论是单体还是整体的建筑布局都有较强的防御功能。

● 图 4-4　岭南清代民居庭院（张中　手绘）

黄姚古镇东部姚江两岸是古镇的主要生活和公共娱乐区，姚江以西、兴宁河以北、小珠江以南地区是商业区。古镇由龙畔街、中兴街、商业街区三个自成防御体系的建筑群组成。这三处建筑群又通过桥梁、寨墙、门楼巧妙地连接在一起，形成一个整体。建筑群的功能各有分区，龙畔街、中兴街主要是大户人家的生活区，安乐—金德—迎秀—连理—大然街是商业贸易区，姚江两岸的公共建筑是休闲娱乐区。

黄姚古镇整体的古镇聚落环境，以及留存完好的门楼、古戏台、古街、古井、民居、宗祠、庙宇、桥、亭、匾等有形建筑遗产，具有很高的艺术审美价值，其设计建造匠心独运，从建筑学上说也是一笔宝贵的遗产。

● 图 4-5　广西岭南名阁逍遥阁（张中　手绘）

# 三、大圩古镇，因水而兴

　　大圩古镇地处漓江中游东岸，距桂林市东南18千米。该镇始建于公元前200年，自秦始皇开凿灵渠，连通漓江、湘江后，一直都是重要的交通与商贸码头。大圩古镇因水而兴，沿街成市，为广西古代"四大圩镇"之一。2005年，大圩古镇被国家文物局列为第三批"中国历史文化名镇"。

　　大圩古镇位于漓江畔的重要水陆交通要道之上，马河与漓江呈"丁"字相交，将古镇一分为二。漓江从古镇的西面向东面流过，四周有社公山、景山、磨盘山，镇西有毛洲，四面环水，土地肥沃，水源充足，是安居避世的极佳选择。受"天人合一"哲学思想以及风水传统理念的影响，古镇的布局自由，顺应地势依山水而建，注重与周边自然环境的融合，是一个典型的山水传统小镇。

● 图 4-6　岭南地区古镇水景（张中　手绘）

　　大圩古镇"因水成镇"，自由自发生长而起，由于受漓江水系空间形态的影响，平面布局上以一条横贯古镇、与漓江平行的线形商业老街为主要骨架，呈"一"字形，古镇的发展顺应地势，形成延展的扩张规律。老街通过各条巷道与码头相连，形成了鱼骨架形状的空间结构，仿佛一把巨大的木梳，梳理着这秀美的山川。

　　大圩古镇的街巷体系主要是在漓江水系的基础上发展起来的，街随江走，街巷与江相连，街与江共同构成古镇的水陆交通系统。在古镇生长发展过程中，线性空间关系是大圩古镇最主要的空间布局形式。其后，随着水运、商业的发展，巷道逐渐形成，构成了道路回路，进一步完善了线性空间体系。同时，以建筑为基本单元的面状空间不断扩散、填充整个线性骨架。由此，大圩古镇的街巷空间形成了以商业老街—巷道—民居的有机空间组合。

● 图 4-7　岭南地区常见的三拱古桥（张中　手绘）

　　大圩古镇传统民居以木材和石块为主要建筑材料，从下到上用石块筑台，圆木作构架，材料由粗而细，由重而轻，由自然而人工，变化自然，有轻巧而又稳定之感。又因大圩古镇位于山区，为了不占耕地，当地居民向山向水争取居住空间。古镇的民居建筑均临江沿坡而筑，五里长街顺江而下，自北向南形成两侧民居群落。南侧江岸陡峭，房屋长柱垂江，形成吊脚楼景观；北面采用了古建筑中"台"式方法，顺坡开出梯形平台，筑阶梯，每一进为一平台，逐渐升高，不仅大大减少土石方量，而且整个房屋前低后高，气势威严。

● 图 4-8　岭南地区常见的水景（张中　手绘）

因古镇街市狭窄，铺面不大，遂民居向纵深发展，常有三到四进深，形成前厅后房或前店后室、前街后河、窄深如筒的筒子屋居多。两进之间有小天井，不仅可为高墙深院提供光照，还可供人小憩。天井一侧沿墙由跑马楼连接前后楼。天井后的正房，高大宽敞。一般的中小型民居均为两层，开间3—5米，尺度比例适宜。造法上以叠梁式木结构为主，辅以砖石外墙。木材一般不着色，但门楣、格扇、榠窗上刻有大量木雕。古镇传统民居的中门，窗扇多为可装可拆型。门扇多划分为虚实两部分，下部为封板实体，上部虚面做成通格式图案花纹。为了遮阳避雨、扩大空间，大圩古镇传统民居均做成坡屋顶，出檐较深，有的还筑挑廊。古镇传统民居的阳台造型轻盈通透，栏杆雕饰精美，与下面的砖面墙身形成了虚实对比。为防止失火殃及邻居，古镇传统民居的山墙高出屋顶，封火山墙形状各异，有阶梯状的，也有官帽式的，等等。整体而言，大圩古镇传统民居小巧、灵活、多变、质朴、轻盈、实用，展现了古镇独特的风貌。

古巷悠悠添丽日情 大圩集中的民居始建于公元 200 年，临江而建历史泡桑随处可见明初解缙诗曰"大圩江上芦田寺，百尺深潭万竹围。柳店积薪晨爨后，僮人荷叶裹监归"。为广西四大古镇之一。甲午年春张中画於榕林墨斋

● 图 4-9 桂林市灵川县大圩古镇街巷（张中 手绘）

# 四、芦圩怀古，宾阳传奇

芦圩古镇位于广西中南部，地处宾阳县城，距离南宁市68千米。芦圩造屋建圩于明朝嘉靖年间，距今已有五六百年历史，开始时是由圩南同仁街头几家姓卢的人摆粥铺卖粥谋生，乡邻百姓称它为"卢家粥铺"。后来此地居民逐渐增多，商贾云集，发展成为圩市，人们便叫它为卢圩。由于建圩初期，有人经常聚众闹事，为了缩小影响，避免官府缉查，后来当地乡绅建议将"卢圩"的"卢"改为"芦"，才形成了"芦圩"的称谓。

芦圩古镇的寺庙、古刹、教堂、祠堂星罗棋布，每条街都有数间古建筑。如中和街的北帝庙，同仁街的土地庙，治兴街的玉林五属会馆，镇安街的基督教福音堂，水闸街的许家祖祠，太平街的观音庵，天堂岭的城隍庙，以及新市区武囊街的龙皇庙，南面老圩同仁、中和、太平、中兴四条街交汇处的三皇庙等。

●图 4-10　岭南地区古城隍庙（张中　手绘）

● 图4-11　岭南地区古祠堂（张中　手绘）

　　芦圩古镇的古民居多为单层的砖瓦结构，每条街都有一到两户大户人家，其房屋建筑精美，砖雕、石雕、木雕都有很高的工艺水平，古建筑的梁柱、斗拱、檩椽、墙面、天花都雕梁画栋，千姿百态，栩栩如生。古镇主要遗迹有清代思恩府试院、文庙、护城墙遗址、护城碉楼、护城河遗址；有长达数里的以明清建筑为主体的南街、外东门街、三联街；有古色古香、饱含着劳动人民智慧和世道沧桑的李家大院、陆家大屋、黄家大屋、湛家大屋；有做工精巧、巧夺天工的南桥、截龙桥、斧桥；还有近代衙门旧址等建筑和一大批有价值、待恢复的古建筑物；民俗人文景观有舞炮龙、游彩架、踩高跷、斗鸡、师公剧、丝弦戏、八音等。芦圩古镇反映了宾阳2100多年的发展历史，带有宾阳古文化印迹的遗迹和古建筑俯拾皆是，整个街区透出浓浓的古代要冲、古商埠深厚的文化底蕴。

● 图 4-12 岭南建筑精美构件镬耳墙（张中 手绘）

# 五、青山绿水，佳胜兴坪

兴坪古镇位于阳朔县东北部，距县城25千米，漓江在此绕了一个大弯。兴坪依山傍水，风景荟萃，粉墙乌瓦石板小巷，是漓江沿岸最美丽的古镇。2007年兴坪镇成为我国第三批"中国历史文化名镇"，2011年被评为第二批"全国特色景观旅游名镇"。

兴坪古镇历史悠久，该地三国时吴甘露元年（265年）起即为熙平县治，治所设在今兴坪镇狮子崴村。隋开皇十年（590年），熙平县治由狮子崴村迁往阳朔镇，此处仅作圩集，"熙平"年深日久便讹传为"兴坪"，至今已有1753年的历史。

● 图4-13　岭南清代青石板古桥（张中　手绘）

兴坪群山合抱，碧水如带，名胜有"三岩、五井、十三山"。江的沿岸翠竹垂柳，随风飘拂，倒映江中的疏林和群峰，化入天际，沉入水底。到了傍晚时分，五指山下犹如仙境，几叶渔舟穿梭不停，景色神奇。叶剑英元帅游览后曾赞道："果然佳胜在兴坪。"画家徐悲鸿到此写生，也说："阳朔美景在兴坪。"

兴坪古街是一条长1000多米的石板街。从兴坪古镇东南至漓江榕树潭、古渡码头，便于居民、客商来往，各省的会馆建筑于古街的两旁，现各类砖瓦结构的古建筑大部分保存完好。现城墙轮廓尚清，随处可见古砖瓦陶瓷残片，只是原来"车马来往人看人"的繁华县城，现呈现出一派青山幽幽、村舍几座的肃静氛围。

# 六、恭迎天下，城载古今

恭城镇位于恭城县城，恭城县城地貌形似天然的大八卦图，茶江以"S"形绕越整个城区，更添瑶乡之神秘。恭城初名茶城，在隋大业十四年（618年），萧铣起兵巴陵，居粤境，称梁帝，置桂州（桂林），始建茶城县。唐武德四年（621年）改名恭城县，至今已有1300多年的历史。1990年2月，国务院批准撤销恭城县，成立恭城瑶族自治县。

恭城镇历史悠久，文化源远流长，文物古迹甚多，至今仍保存着具有明清时期特色的古民居群、古建筑及众多的历史遗址遗迹。其中最有名的是"三庙一馆"。"三庙"是指文庙、武庙、周王庙，"一馆"是指"湖南会馆"。文庙武庙相邻而建，互相辉映；周王庙、湖南会馆、古民居建筑精美，具有极高的艺术价值和考古价值。恭城古镇是一座孕育瑶族淳朴风俗文化古镇。

● 图 4-14　岭南客家建筑中的古城墙（张中　手绘）

　　恭城武庙，因明神宗加封关公为"协天护国忠义帝"，又称协天祠。始建于明朝万历三十一年（1603年）。坐落在印山南麓文庙的右侧。印山一山分二脊，一东一西，一左一右。左为文庙，右为武庙，文武两庙浑然一体，相得益彰。武庙占地2130多平方米，建有戏台、雨亭、头门、正殿、后殿及两厢配殿，主要采用木构架和砖墙混合承重工式结构。该庙不设正门，由两边开门而入，两门上分别写有"忠君爱国""济世安民"八个大字，意为关公为人的准则。文庙建在左边，是因为在中国古代传统观念里，左为东、为阳，东方主生，为尊，故为文庙，以示崇文；右为西、为阴，西方主杀，为卑，故为武庙，以示抑武。而文庙与武庙之相依相傍，又表示阴阳相合，文武相成。既崇文，又尚武，先文后武，充分体现了中华民族的文化精神。恭城文武两庙一东一西同处一地，这在中国都是少有的。

　　周王庙，即周渭祠，是祭祀宋御史周渭的祀庙，位于恭城县城东，建于明成化十四年（1478年），清雍正元年（1723年）重修。周王庙占地面积1600多平方米，建筑面积1040平方米，由戏台、门楼、大殿、后殿及左右厢房组成。现为广西壮族自治区重点文物保护单位。

　　湖南会馆，位于恭城县城的太和街，建于清朝同治十一年（1872年）。会馆的大门有石刻对联一副："客馆可停骖七溪三湘允矣同联梓里，仙部堪得地千秋，百世遐哉共镇茶城。"整个会馆布局严谨，红墙黄瓦，泛翠流金，飞檐挽天，蔚为壮观。大殿装修华丽，壁画花饰繁多，前后风檐镂雕细致，檐墙彩绘构图新颖。馆内有戏台矗立，呈凸字形，105平方米，青石垒砌台基，台底浅埋水缸36口，以增强音响效果。湖南会馆现为广西重点文物保护单位。

# 七、古镇中渡，和居洛荣

　　中渡古镇位于广西鹿寨县西北26千米处，地处鹰山脚下，毗邻洛水，为洛清江中下游。古镇秉承广西中部岭南文化的脉络，集武备文化、渡口文化于一身，是多文化地区的代表。2014年，中渡古镇被国家文物局列为第六批"中国历史文化名镇"。

　　中渡古镇有近2000年的历史，最初形成可以追溯到三国东吴甘露元年（265年），末帝孙皓在今中渡镇辖区内的马安村常安屯设置长安县，屯兵驻守。至元末，中渡成为中原王朝防御少数民族起义和匪患的重要军事据点。"城门—护城河—城墙"的防御体系逐渐形成。此时的中渡名为"洛荣"。清朝，随着政治地位提升，中渡设置军事管理区中渡抚民厅，指挥周边各级防务。同时因水运便利，各地商人在此设置商号，商业繁荣，1902年改洛荣为中渡。

●　图4-15　"寿喜"民居影墙（张中　手绘）

中渡古镇虽名称和隶属多有更改，但一直是县级地方行政中心，"城河一体"的军事防御体系，是其军事重镇的历史见证。中渡镇内有大量摩崖石刻保存较好，"一方保障"石刻、"京观"石刻等历经千百年风雨沧桑，记录了古镇悠久的历史。目前，古镇内保存有东、西、南、北四条历史街巷，沿街巷两侧，规模较大的传统风貌建筑多数保留了历史格局及其军事防御的功能，建筑开间窄，进深大，门前设有密格栅的插槽。部分古城墙、古码头、碉楼等保存完好，依洛水而建的码头景色优美，如诗如画。

中渡古镇古民居群始于清代中期，位于中渡镇中心，整个群落一律青砖灰瓦，木质构架，古朴典雅，深入其中，随处可领略到古色古香的韵味。分为东、西、南、北四条街，设东、西、南、北四扇城门，历经沧桑，现仍有很多保存较好的旧商号、客栈遗址、古民居等建筑。中渡武庙、粤东会馆、钟秀杰故居等坐落其中，较好地反映了古镇的历史风貌。

# 八、怀远遗风，盛世繁荣

怀远古镇位于广西宜州西南部。怀远镇是广西四大古镇之一，有着1000多年的历史。古镇内有古街，有古商贸会馆、渡运码头、寺庙和红军标语等众多历史文化遗迹。《宜山县志》云："怀远当龙江、小河交会，为粤、黔商贾都会，博徒游惰视之为渊丛……盖地据形胜，百货所聚也。"

怀远老街可划分为四段，总长约1300米，共有旧宅320间。街道南北两侧是长1000米的骑楼建筑群。骑楼是极具岭南特色的中式建筑，而如今林立在怀远老街上的建筑多为明清遗存。贯通的骑楼街由东向西依次为上和街、中和街、文昌街，街名由清朝沿用至今。骑楼街东西两头各有一座城楼，东楼于1945年被日本侵略军炸毁。西楼即魁星楼，重楼式建筑，飞檐翘角，桂梁构架。城楼上有匾两方，一书"魁星楼"，一书"远镇文峰"，该城楼于20世纪70年代拆除。由东楼而出，经过一段石板路即达龙江边诸码头，长约1000米的码头均由方整石料铺就，往来十分便利。上和街北面仍有一出口通中洲河的河湾码头，其石板道、石阶保存完好。

怀远老街曾有几百年商贸繁荣的历史，这是怀远成为明清建筑研究样本的重要原因。因其水陆交通便利，当时广东、贵州、湖南、福建、江西等十多个省的商人曾在此开铺营业，并建有多处会馆及马帮驿站。由东头进入骑楼街，街上店铺鳞次栉比，四方砖柱上的客商号记至今依稀可辨，如"永昌祥""正昌号""绍昌号""黄焕记"等，可见当时商业、手工业之繁荣。各省的客商会馆，至今保存完好的是潮州会馆，现为怀远派出所驻地。今在文昌街发现的清咸丰募修江西会馆记事碑，就是会馆建设的佐证。

除商号、会馆外，怀远老街还留存着部分宗教建筑，如三界庙、大观寺、相公庙以及八滩山寺，三界庙现为怀远街道居民委员会办公用地，大观寺现存观音寺和入殿台阶。由街西端的魁星楼往西，便是滇黔桂古官道，官吏、商人、百姓，往来滇、黔、桂，这里是必经之路。

怀远老街上的民宅建筑组群采用重叠纵向发展，多进式房屋内有天井、楼阁走廊，一家挨着一家。青砖黛瓦，粉墙木门，整个建筑突出梁、柱、檩的直接结合，如许多明清建筑一样忽略了斗拱这一中间层次。封火山墙，飞檐高脊，实用而协调。院落重叠纵向扩展与横向扩展配合，以多变的空间组合来突出主体建筑，空间组织十分精巧。从细节上看，墙上彩绘图案精美，门窗装饰得古色古香。门楣上雕刻着寓意积极的图案，楼台也点缀着精美的窗花，富丽堂皇的壁画丰富了建筑的内涵，这里雕刻的一砖一瓦无不向后人展示着屋主曾经拥有过的风光与荣耀。

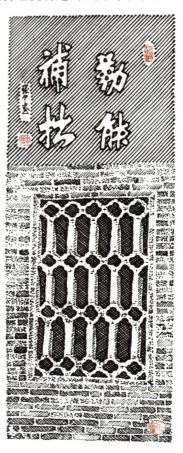

● 图4-16　清代岭南民居中常见的砖雕花窗（张中　手绘）

第五章

# 访幽探胜

——岭南古村探访

# 一、邂逅大芦村，听镬耳楹联诉说岭南旧事

　　大芦村位于灵山县城东8千米处，以"三古"（古宅、古树、古楹联）闻名，并以古建筑、古文化、古树名列广西三个古村落之首。村内有广西最大的、保护最完整的明清古建筑群，每座古宅的大门上均挂着一副用红木板书写或雕刻的古楹联，总数有305副，1999年大芦村被广西楹联学会和广西民间艺术协会授予"广西楹联第一村"称号，2007年6月大芦村被建设部和国家文物局评选为第三批"中国历史文化名村"。

●　图5-1　传统村落中的古宅古楹联（张中　手绘）

●● 图 5-2　岭南古民居砖砌拱形大门（张中　手绘）

　　明朝嘉靖二十五年（1546年），劳氏先祖劳经卜率众迁徙至此，创建了第一个宅院镬耳楼，并在此繁衍后代。其子孙又相继建起了三达堂、东园别墅、双庆堂、东明堂及劳克中公祠等建筑。到清末，由劳氏祖屋向四周延伸，形成了一个庞大的建筑群，建筑占地面积22万平方米，保护面积45万平方米。

● 图 5-3 岭南古居青砖围墙（张中 手绘）

大芦村具有典型的明清时期岭南建筑风格，共有 9 个古建筑群，是明清岭南建筑文化研究的瑰宝。其中，镬耳楼、三达堂、东园别墅等都是两三百间房的大家豪宅，依山傍水、古静幽深、曲径通幽、古树环绕。古宅群规模庞大，结构功能齐全，规划水平较高，生态环境优良，民俗文化积淀丰富。古宅内甬道幽深，逼仄。人在古宅甬道中穿行，沉默与倾听，可以恬淡地享受古文化的浸染，远离都市的喧嚣。

大芦村又称"荔枝村"，村里的池塘临水种有树龄 200—400 年的荔枝树，犹如摆放在青砖绿瓦古宅前的一个个大盆景。据介绍，以前大芦村每当有家族添丁，就会依照灵山当地的传统习俗，在房前屋后栽种一棵品种优良的荔枝树或其他树种，长此以往，这里便成了大树林立的灵秀之地。一些参天古树环绕在古村的周边，这些树往往需要十几个人牵手方能环抱，有的里面还形成了比人还大的树洞，一些小朋友则在洞中捉迷藏，极其欢乐。

宅绕清溪笋秀峰，松林鹤返晚烟笼，

小楼掩映斜阳外，半亩方塘荔映红。

一首小诗道出大芦村的无限风光。

走进劳氏古宅，观岁月留痕，看宅院沧桑，历史的韵味与气息扑面而至：古色古香的建筑，厅门堂内高悬的古匾以及院内一门一窗、一砖一瓦都让人有一种历史的厚重感。

书香散入百姓家，由县儒学生劳经于明嘉靖年间始建。奠定后代子孙立力而成。北较代表的有镬耳接。

三座堂、東围别墅、双庆堂和劳氏中公祠等五栋主体古建筑，建筑面积约二万平方米规模宏大外观左重雄浑壮典。布局技七星伴月风水格局建造，巧妙配富於传统法度。里边又由若千四合院串联组成。主屋俩房书房、後花园秩序井然，此爲书香味甚浓，家家傳承徽艮文化，知书达理。從明流傳至今的景点联有三百多剧。入村大门镜联"門前绿樹雙環翠。广西桅斯学村林"。戶外方坊墨清於彼耕爲"於西桅斯学村林"。岁在壬辰孟冬潛斋主院中寓扶鸾林。

●● 图5-4 灵山县大芦村外翰第（张中 手绘）

古宅结构功能齐全，明末清初岭南豪宅的建筑风格特征明显，最有特色的要算前门楼和主屋第二进营造的镬耳状封火墙，其形状如大铁镬的两只镬耳，虽年代久远，但还虎虎生风，犹如实物。

古宅古色古香，木雕和砖雕随处可见，雕刻内容花鸟鱼虫、象征图案，不一而足。大芦村古宅多为深宅大院，占地数亩以上，前后数进有房数十间的比比皆是。一般中轴线上有大门、大厅、堂楼、后楼、下房等，其间各有天井、塞口墙相隔，形成各个独立院落。每座古宅都是根据居住者的家庭人员结构及其所处地位的尊卑而设计、建造的。

流淌的曲线，精美的图案，蓝天下的张扬，砖缝瓦隙间，填满了故事。吉祥鸟兽，尽显屋主身份。雕梁画栋，仿佛向世人倾诉着老宅的深邃和悠久的历史，身在其中，感受到的是存在于细节之间的须臾与永恒。每一处都很精美，一些建筑细部还有象征意义，如镬耳楼大厅梁上的两支笔，代表文和武，合起来就是文武双全；遮羞墙，古代丫鬟要到客厅上茶，只能送到这里，再由男性管家奉上；免死牌，是广西唯一一块满汉两种文字的圣旨匾。

●◐ 图5-5　灵山县大芦村外翰第（周娴　摄）

大芦村现保存有305副古对联，对联内容大多为修身、持家、创业、报国的特点。比如，"惜衣惜食，不但惜财兼惜福；求名求利，须知求己胜求人""读书好，耕田好，识好便好；创业难，守承难，知难不难"等，深入浅出，耐人寻味，反映了那个时候的古宅中人已经跳出依赖祖荫、重仕轻农的陈腐观念，有了居安思危、自强自励的意识。再如，"克尽兴邦责，忠全爱国心""有典有则，是训是行""文章报国，孝悌传家"等，虽然带有封建时代和宗亲理念的烙印，但时至今日，这些对联仍具有一定的指导意义。

古树古宅古文化，砖缝瓦隙间，镬耳楹联上，一时触摸不了她的灵气，解读不透她的韵味及魅力，却令人流连忘返。

● 图 5-6　灵山县大芦村入口古榕树（周娴　摄）

# 二、高山村，崇文重教的进士村

　　高山村坐落于广西玉林市北面5千米处的大容山西南余脉的山坡上，全村占地9.1平方千米。高山村的海拔及相对高度虽不高，但因周边经常发生洪灾而此村从未被水淹，故称高山村。玉林高山村古民居群是以岭南地区宗祠文化为主要特色的明清古建筑群，至今已有430多年，历经沧桑，容颜依旧。此外，高山村还是一个书香世袭、人才辈出的历史文化村。2007年6月高山村被建设部和国家文物局评选为第三批"中国历史文化名村"。

🔴 图5-7　岭南民居古巷（张中　手绘）

高山古村地形上是七星伴月的构造，海拔约100米。清湾江从村东边流过，村西有古代开辟的通衢大道，是古代中原人南下玉林的主要通道之一。

自建村以来村民秉承好学、礼信之风，人才辈出，自清乾隆年出第一位进士至清末，就出进士4人，举人21人，秀才193人。

● 图5-8 玉林市高山村思成祠

　　古村落民居的自然审美取向即以自然环境、山水景观所指意象及取向构建形成的，把善、美、情的人生品格寓于自然风物之中。高山村古民居村址及建筑受这一思想的影响，极为讲究风水。其先人将村落及宗族的兴衰紧密相连，赋予自然环境、村落建筑浓厚的人文烙印，是古代"天人合一"思想的完美体现。

　　《高山村志》记载：高山村先人"居于山水抱必有暴富地"。高山村周边环绕着七个低丘，俗有"七星伴月"之说。其南面有清湾江顺流而下，水势小且流速缓慢，给人以柔和之美感。根据"九宫八卦"的说法，高山村的南面有四社岭、横岭阻挡了"刚风"，西面有出鹰山、黄牛岭、金昌盖岭阻挡了"折风"，北面有金鸡岭，更北处有寒山岭挡住了"大刚风"，东北面的文笔岭挡住了"凶风"，从而形成了半圆形环山状，使高山村成为藏风聚暴的好气场。

　　高山村的自然环境极为优越。高山村坐落在北回归线以南，海拔高度为100米的台地上，地处东南季风、西南季风、台风相互影响的地域，光能热量充足，长夏无冬、降水充沛、雨热同季，属亚热带季风温润气候，适宜人类繁衍生息，是一处非常理想的栖居之地。

● 图5-9 玉林市高山村思成祠（张中 手绘）

●● 图 5-10　玉林市高山村牟家大院（张中　手绘）

　　高山村民居在漫长的历史演进过程中，血缘、亲情、宗法一直贯穿其中，并逐渐沉积形成了尚文、祥和、亲善和富于凝聚力的宗族精神。在这一背景下高山村一时人才蔚兴，中举入仕者不乏其人。置身其间，仍可隐约感受到当年高山村尚文之风的昌盛。

●● 图 5-11　玉林市高山村民居细部（周娴　摄）

　　高山村现存有300多幅壁画、100多件古泥塑以及一大批古画、古手稿、古书籍、古牌匾。走进高山村，其文化气息扑面而来，每一块砖、每一个窗格，无不是高山村百年文化的载体，也是高山村古民居建筑的灵气精魂所在。

　　在建筑装饰上，门窗、屋脊等装饰艺术丰富多彩：屋脊多以博古、卷草、鹊尾等形式，壁画则以吉祥题材、传统教化故事、花草虫鱼为主题，寄托了高山村人"趋利避害"的纯朴愿望和兴旺发达的美好祝愿。

● 图5-12　玉林市高山村民居连廊（张中　手绘）

　　在高山村，李拔谋进士第和牟日铼故居是典型的古民居代表。两座民居风格是主房高大而重院深藏，坐西向东，门户向阳，屏屋遮掩。前半部疏阴开阔，影壁、屏风点缀，典雅幽静，后半部逐层攀升，飞檐屋脊纵横，庄严肃穆。古人称为"聚龙窝凤"。院落则由厅、屋、厢房、耳房组成，四进三厅或三进两厅，为岭南四合式结构。上厅供祭祀、族长议事，中厅接客议政，偏厅接客会友，楼厅藏书课子，厢房横屋起居饮沐，家庭聚居，集政、住、居、教于一体。

● 图5-13　岭南建筑代表进士宅（张中　手绘）

　　高山村古民居大多以一条轴线为主体，一条轴线代表一个家庭，一座院落代表一个大家庭，同宗聚居的宗族形态得到充分体现，也彰显了"亲""孝"的道德本位。值得一提的是，高山村古民居很少有单门独户的建筑格局，大多连片而建，辅以巷道相连。村里有牟、李、陈、钟、冯、朱、易七个姓氏，在八百年的历史进程中各姓之间始终和睦相处，体现了高山各姓氏之间的兼容并蓄的开放性文化视野。

　　通过寄予院落、祠堂、蒙馆、碑匾等具体的建筑空间以浓重的人文理念，高山村古民居构建了一个富有独特魅力的道德伦理教化空间。高山村为研究地方科举史、建筑发展沿革、宗祠文化以及礼制、书画艺术等方面提供了丰富的实物资料，具有较高的历史文化艺术内涵。

●● 图 5-14　穿堂式岭南民居典型院落（张中　手绘）

# 三、满街男儿背书囊，秀水状元村

　　秀水村位于广西富川县境内，距县城30千米。村境之内有"三江涌浪""灵山石宝""眠兔藏烟""天然玉鉴""青龙卷雾""鳌岫仙岩""大鹏展翅"和"化鲤排云"八大景观，有"小桂林"之美称。这里人杰地灵，人才辈出。据查证，自唐、宋、元、明、清以来，在《富川县志》上记载的133名富川历代科举进士名录中，秀水村就占了27名，其中包括宋开禧元年乙丑状元——毛自知。因而，秀水村又有"状元村"的美称，2009年入选为第四批"中国历史文化名村"。

　　秀水村建于唐开元年间，立村建寨距今已有1300多年的历史。始祖毛衷，是唐开元年间进士，曾任广西贺州刺史。该村自唐繁衍发展至今，人口已达2295人，原秀水状元村也因时代发展，支系繁衍，而划分为石余、八房、安福、水楼四个自然村。此外，这个当时仅有150多人的小村，便设有三处商贸交易区、五座古戏台、四处祠堂和四所私塾书院。

● 图5-15　清代中期风格岭南民居（张中　手绘）

村内有状元楼、古戏台、古牌坊、古泉池、古照壁等一批景观，有历朝历代皇帝敕封和官府贺赠的各式古牌匾，唐、宋、元、明、清古民居建筑群以及古建门楼等古迹，因此秀水村享有"宋元明清古建筑露天博物馆"之称。

秀水村坐落在潇贺古道的冯乘（富川）至谢沐关道的东南侧。综观秀水村毛氏宗祠的大门及各进士门楼，宽度皆为1.25米至1.55米之间，这正是秦汉时车舆辕驾的宽度，且门的两边皆立有车轮形的石鼓、半车轮形的石月，门框石槛也被做成古车驾的样子。《毛氏族谱》记载，先人之所以将宗祠大门、进士门楼做成舆辕的样子，便是要儿孙记住祖先沿秦古道迁徙至此的不平凡经历、创业立寨的艰辛历史。

● 图 5-16　讲究朝向的岭南古民居大门（张中　手绘）

● 图5-17　经典岭南螭龙屋脊宗祠（张中　手绘）

　　《富川县志》记载，唐宋之后不断涌现的1个状元、26个进士、3个神童和尚，一大批举人、贡生和商人名士，有的父子同登、有的兄弟同科、有的六代子孙连名获取进士和功名。秀水状元村状元、进士的人数和影响，在全国是极少有的现象，是岭南两广独有、汉瑶民族融合过程中产生的一种独特的历史文化现象，也是秀水状元村被列为"中国历史文化名村"的关键因素。

　　秀水村家族传统教育历史悠久。据记载，秀水村毛姓家族的太始祖毛衷，是以唐开元年间进士、刑部郎中出任贺州刺史的，对教育有着深刻的理解。他通过一些具体的教育实践活动，为毛姓家族后代教育打下了坚实基础。宋朝时，秀水村毛姓家族的私塾发展迅速，读书之风日盛，毛自知考取状元，更成为族人学习的榜样。

　　据秀水村老人协会主席毛凡精的介绍，从立村开始，毛氏就把"读书荣身"作为宗族思想传承。毛氏宗族从制度上支持弟子读书做官：设立学田功名田产，用于延师兴学，奖励功名，资助学子上京赶考；设立族内捐田，用捐田的租谷，顶替族

中子弟的学费；设立族内藏书楼，方便子弟阅读增长知识；设立奖赏制度，考中举人、秀才划拨一定的田谷奖励，考得贡生以上功名在祠堂前立旗杆石以示标榜。这就有力地促进了毛姓家族文化教育的发展。由此，秀水村家族传统教育模式逐渐形成。而重视教育，积极参与教育已成为秀水村毛姓家族普遍的使命感和共同的心理特质。

最能体现这种浓厚氛围的是书院。令人难以置信的是，今天人口亦不过2000多人的秀水村，古时竟然有四所远近有名的书院，即鳌山石窟寺书院、山上书院、对寨山书院、江东书院。书院多，秀水村自然是"满街男儿背书囊"。

刺史毛衷公后人分为四房。各房都隆师重道，设立私塾、建立书室、聘请教师、培育子弟。毛氏几房还形成定例，为官者或是宦海沉浮，或是丁忧解甲，或是赡养父母，都回族中书院任教，弘扬圣贤之道，传授科场经验。得名师精点，毛氏人文蔚起，代出人才。

# 四、古意浓郁，青砖黛瓦旧县村

广西阳朔县白沙镇旧县村始建于1400多年前，北面群山环抱，山势连绵起伏。唐武德至贞观元年(621—627年)阳朔地方设县，名归义县，旧县村位于归义县的古城遗址附近，故得名旧县村。旧县村现存村落街道布局合理，民舍住宅多为晚清风格，具有官宦人家的气势，气派大方。普通民居多为黄色夯土墙面，在地面青条石灰白石块的映衬下显得特别幽雅迷人，由于建村历史悠久，多数街道民舍至今保存较为完好。2014年旧县村入选为第六批"中国历史文化名村"。

村庄在凤冠山下，面向素有"小漓江"之称的遇龙河，村前沃野平畴，稻田逐浪。阡陌之间，立着44座传统古民居，它们彼此院院相通、户户相连，院中有院、门中有门，占地面积5400多平方米。远远看去，这一大片古老宅院气势恢宏。

时间融入建筑，岁月记录文明。走在旧县村的青石板路上沿途寻访，耸峙的马头墙、精致的雕梁画栋、起伏的青砖瓦片，恍若翻开一沓沓厚重的历史书卷，旧味古意浓郁。在这里，每个院落都是规整的长方形，宅院居中者大门正向朝外，两侧宅院则大门朝里，大门、后门、旁门、侧门彼此照应，院与院排列紧凑，错落有致。

旧县村多为清代建筑，青砖大瓦房，雕梁画栋的门窗加上飞檐腑顶的各种七禽八兽，错落有致的马头墙，特别是村南头为一排气势恢宏的清水砖墙大宅，由一座座院落排列组合而成，院中有院，门中有门，院院相通，户户相连。几乎家家有古井，与桂北地区普遍低矮的古民居相比，这片气势恢宏的建筑群，颇具明清封闭式庄园的风格。

要说村里建造工艺较讲究、规模较气派的，当数"进士第"宅院。这里孕育了清朝光绪年间进士黎启勋，并因此而得名。这座老宅面西而立，正面外墙除了高大的正门外，

● 图5-18 岭南古民居防御式大门（张中 手绘）

少有开窗、条石墙基、青砖墙体挺拔厚重。墙体多以整块石料雕刻而成，各个方向还布设了内宽外窄的枪眼和监视孔，诉说着它在特殊年代的防御功能。门前尚存一对栓马石，石坊上刻有"举人黎启勋丁酉仲春月吉日"字样。此外，村里还有两广巡抚黎桂生、黎凤梧的宅第、牌匾，抗日将领、原国民党四十六军军长黎行恕的旧居亦在其中。

旧县村依山傍水，在如桃花源般的地方，如同冰峰上的雪花，在这里静静绽放。古老的建筑群保存完好，千年古墙巍然挺立。静静地漫步在旧县村平静的石板路上，感受这座古老村庄犹如江南女子般的似水柔情，会有一种久违的惬意之情从心中油然升起。那种柔和与恬静，犹如她的美，不容忽视。

# 五、江头村，周敦颐爱莲说之村

桂林市灵川县九屋镇江头村，位于桂林市北32千米。江头村依山而建，护龙河、龙颈河、东江河环村蜿蜒南流，有1000多年的建村历史，现存明清民居百余座，其中，明朝三十余座，清朝六十余座。江头村古民居群整体布局坐西朝东，村前掘有莲池，古屋连片，规模庞大，样式丰富，风格古雅，具有鲜明的明清建筑特色。该村2012年12月被列入"第一批中国传统村落"，2014年3月被评为"中国历史文化名村"，2013年12月被评为"国家AAA级旅游景区"。

● 图5-19 岭南古民居屋前莲池（张中 手绘）

周氏始祖周秀旺及周本初、周本昌（籍贯湖南道州府营道县，即今湖南省永州市道县，是北宋著名文学家、哲学家、理学开山鼻祖周敦颐的嫡亲后裔）等人于明朝洪武戊申年（1368年）"宦游粤西"并定居江头村，至今600多年。该村现有180多户共800多人，全村90%以上居民姓周。该村自明朝后期以来，传承"真诚、和谐、积德、行善、奉献"的爱莲文化，崇尚儒学，热衷科举，办义学，设私塾，教导周姓子弟，此后周姓人才济济、清官迭出。据周姓族人初步统计，周姓先后涌现出秀

向阳门第春常在　桂林市江头村南侨

九仙山，北靠黄家坡，西临五指界，东揽笔架山。村前曲水绕护，共保存明清两代建筑共一百八十余座，错落有致，青砖灰瓦，纹饰精美同时在建造工艺、历史文化遗迹，知名人士、五代知县绣花村类等堪栩。

"广西五个第一，其中从清代五代名人走出了周姓高祖培正、曾祖凤仪、祖父履泰、父亲启运、兄子周永五代连续，创造了连续五代人出任知县的历史奇迹，全村周敦颐的后人为主，是国家级文物保护单位。有诗赞：

四面屏风曲镜水，雕梁画栋选称奇，江山代有人才出，果然佳胜立江颐。

岁在癸巳孟冬潜庵主张中宣于子林

● 图5-20　桂林市灵川县九屋镇江头村知县府（张中　手绘）

才200多人、举人25人、进士6人，庶吉士6人，出仕为官者200多人，其中七品以上官员34人。周氏为官者一直秉承"出淤泥而不染，濯清涟而不妖"的高尚品德，清白做人，廉洁为官，造就了江头村"才子村""百年清官村"的美誉。

这些古民居，背山面水、聚气藏风，讳南称尊、坐西朝东，小巷纵横、布局奇妙、形如迷宫，青砖青瓦、隔扇漏窗、工艺精湛，火墙马头、昂首长啸，太极八卦、门当户对；室内天井通天、四水归堂，房梁屋顶、彩绘金描，花鸟人物、千姿百态，石雕木雕、栩栩如生。

●● 图5-21　岭南古民居檐下彩绘（张中　手绘）

周氏宗祠——爱莲家祠，始建于清光绪八年（1882年），落成于光绪十四年（1888年），原为六进五开间，后来部分被毁，现存四进三开间，其外观高大宏伟、气势非凡，祠内精雕细刻、工艺绝伦。家祠以"爱莲"为名，意在以先辈周敦颐的《爱莲说》教育历代子孙。

　　该村代表性建筑除爱莲家祠外，还有太史第、按察史第、奉政大夫第、同知府第、五代知县宅、解元第、闺女楼等，此外还有护龙桥、字厨塔、金钱井、聪明井、五雷庙、贞节牌坊及笔架山、官印山等。江头民居，人文古迹，源远流长，处处折射出周敦颐理学文化的光芒。

● 图 5-22　苏东坡在岭南造像（张中　手绘）

护龙桥位于爱莲家祠东南面，因横跨护龙河而得名。这是一座敞肩拱式单孔弧形石拱桥，桥高4米，宽5米，跨径8米，拱圈厚约1米，是用1400余块方石砌成。此桥为江头村周氏三代祖周奉于明万历十二年（1584年）修成，因周奉是周氏家族第一位七品官，所以他特意将从爱莲家祠上桥的台阶设置为四级，意为"出仕"，又将另一端设置为七级台阶，意为取仕归家的周氏子弟都是七品以上的官员。此桥至今仍横跨护龙河两岸，供游人步行通过。

贞节牌坊。江头村原来有两座清光绪皇帝御赐的贞节牌坊。一座为周廷召（卫千总）之妻姚氏的牌坊，一座为周绍刘（庶吉士、同知）之母秦氏的牌坊。此两座均毁，现在耸立于江头村村口的一座牌坊为2000年按原貌建成的秦氏牌坊，原秦氏牌坊上的"皇恩旌表"以及龙启瑞所书"玉洁""冰清""苦节""贞操"牌匾被置于复建牌坊上，仍有当年肃穆庄严之势。

村中明朝民居一般为单立座，两坡悬山顶、穿斗式结构，外墙用大块鹅卵石奠基，土制泥砖垒顶，墙高约为4.5米。只设一个正门，没有天井，通风透气性差，房屋面阔两三间，正堂及次间均没有阁楼，面积从30平方米到80平方米不等，低矮、狭窄、阴暗。

相比之下，村中的清朝民居高大、宽敞、明亮、气派。由北向南排列，再由西向东一层层修建，宅院间由此形成鹅卵石铺就的里巷。在里巷中，每一座宅院均砌有闸门，左邻右舍、上屋下屋相互连通。宅院青砖包墙到顶，有的墙面用砥石磨光。山墙多样，从单一的人字形到马头形、凤凰形、弧形不等。墙脊为龙体形、凤凰形、鱼脊形、波浪形等，装饰五花八门，有砖角叠砌、灰浆雕塑、青瓦或琉璃瓦靠砌、泥石混砌、油彩涂抹等。

江头村全村建筑青砖灰瓦，木质构架，屋檐层叠，古朴典雅，享有广西古村落中"历史文化遗迹数量第一、房宇建筑工艺第一、镂花种类第一、名人数量第一、数代为官同职第一、清官数量第一"的美誉。其丰富的文化遗产，独特的历史篇章，优美的自然景观，使其具有很高的历史、人文、艺术、教育和科研价值。江头古村，理学玄妙，莲韵悠长，魅力无限！

# 六、福溪村，七朝灵溪古瑶寨

　　福溪村位于广西贺州市富川瑶族自治县朝东镇境内。距富川县城40千米，距贺州市区100千米。富川福溪村景区属历史文化类人文风景旅游区，是一个历史悠久的文化古村，2014年入选为第六批"中国历史文化名村"。这里的文化底蕴十分丰厚，有宋代理学鼻祖周敦颐的讲学堂及其后裔居住的民居。在唐朝李靖征岭南时，福溪是潇贺古道上的一处重要关口，五代时是楚与南汉的必争之地。

●　图5-23　岭南古民居中的月亮门与木雕花窗（张中　手绘）

　　福溪村《周氏族谱》记载，"先祖周敦颐宦游路过此地时，看中了这块风水宝地，便留下一子在此安居"。村中建有周氏宗祠，又称"濂溪祠"。诸多的建筑、石雕、石艺之中均可反映出宋代文化与传统工艺的特征。有雕梁画栋的宗族门楼十三座，有古香古色的古代民宅一批。在门楼祠宇、民居庙堂之中，分别陈设有以莲、菊、梅、兰等清新高雅的字画装饰；有以福禄金元、佛祖神公为木雕图案的花窗门楣；有以云鹊、竹松、龙凤为彩绘的梁檐斗拱；有以"功德石""焚纸炉""风雨桥""百柱庙"为彰显文明的建筑石雕。同时还有古戏台、古书堂、青石街、古碑刻等古代遗物一批，村中马殷庙已被列为全国重点文物保护单位，是村中主要景点。

　　福溪如同一本千年的诗集，被遗忘在图书馆尘封的书架上，当人们不经意地走过，翻开这美丽的篇章，无不痴迷于她的古朴和优雅。

　　斑驳的老墙面，古老的黑瓦，古老的木门，镌刻着历史的沧桑。漫步古村小巷，仿佛所有城市里的烦恼、喧嚣，都能抛诸脑后，反而是一些美好的旧事，和着古旧淳朴的气息，静静地蔓延开来……

　　村中的族人证实，北宋时始有周、蒋二姓最先在福溪村定居，北宋末年，又有随军南下征剿的陈、何两姓留在了福溪村定居。

　　福溪村在村头有一处地下河涌泉，常年泉水不断，形成了一条清溪，自北向南飘落山间，这条具有灵性的小溪，最先称沱溪，后来改称为福溪。从沱溪、灵溪到福溪，从北宋到明清，一条小溪经历了七个朝代的变迁，造就了一座恢宏的古瑶寨。因为生存条件优越，周、蒋、陈、何四姓人精诚团结，开拓田地，建村立寨，安居乐业，不断地进行着原始积累。

　　寨内沿溪主街将四个族群聚落串联起来而形成规模宏大的古建筑群，内含十三个门楼巷子，二十四个庙宇戏台，形成了一个包括商业街道、民居、公共宗祠、戏台、寺庙、风雨桥、石板街组成的古代传统村落。

　　村内的石板街、门楼、古民居、寺庙等，无论是重新翻修了多少次，都还保持着原有风格。沿着古街走进一户一户人家的旧居，抚摩着红砖青瓦，遥想千百年前此处会是何等繁华的所在。

　　福溪村总共有13座古门楼，门楼面向福溪，建筑呈敞开式，立柱、抬梁、屋檐造型古色古香，每一座门楼都挂有进士、文魁、武官等功绩牌匾，门楼成为光宗耀祖的地方。

●● 图 5-24　岭南传统古民居庭院（张中　手绘）

　　据统计，福溪村历史上出了5位进士和35位官宦，一块块官宦恩赐的牌匾仍熠熠生辉。

　　福溪村鼎盛时期曾经有过24座古戏台，众多的古戏台在经历了漫长的岁月风雨后，大部分湮灭在历史的长河中，至今保存完好的只有3座古戏台。

　　古时人们就坐在风雨桥上一面品茶聊天纳凉，一面眺望山岚幽谷，听雀鸟鸣唱，近观福溪流水欢歌，杨柳婆娑，鱼儿戏水，风雨桥数百年为村人遮挡着风雨，世代的变迁全都写在了风雨桥上。

　　百柱庙又称灵溪庙，属国家级保护文物，这座由120根木柱采用穿孔式和抬梁式结构建造的古代寺庙，始建于明永乐十一年（1413年）。全庙占地700多平方米，进深17.5米，宽20.8米，采用我国北方常见的抬梁式构架和南方常见的穿斗式构架相组合，全庙由76根高2米—5.6米，直径20厘米—38厘米的古楠、古水杉圆木柱和44根吊柱支撑而成，通过月梁、托峰、托脚、榫卯固定，未用一颗钉子。76根主柱全部用莲花石墩托离地面，主柱和托柱刚好是120根，所以又称百柱庙。

　　走进福溪瑶寨，随处都可以看到立于村寨中央的蘑菇状、竹笋状或其他形状的各种大小不一的岩石，村民们称这些石头为生根石。这些生根石原先就生长在村寨里，先人在建村立寨时，尽量不破坏这些天然的石头。在村民建的房屋里，甚至立在屋脚或墙缝里，或置于天井或房间中，高的矮的，大的小的，奇形怪状的，都没有人去损坏它。彩绘的梁檐斗拱，门楼的牌匾，建筑的石雕等，在诉说着曾经的辉煌。

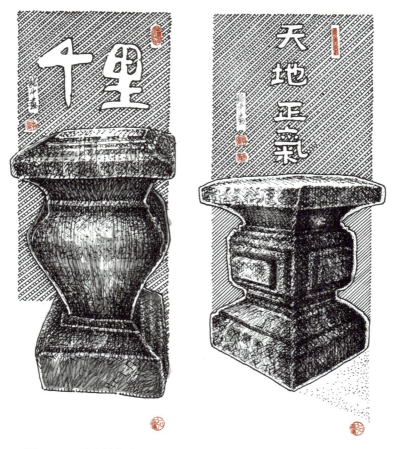

● 图5-25　岭南特色古民居柱础（张中　手绘）

# 七、山清水秀，重文尚武榜上村

　　兴安榜上村地处偏远的山区，隶属广西桂林市漠川乡。漠川是一个拥有千年历史的典型山区文化乡。榜上古村建筑群环境和谐优美，村落规模宏大，结构布局传承徽派风格和岭南骑楼文化，加入了西洋建筑符号，形成独具一格的桂北民居风格，2014年榜上村入选为第六批"中国历史文化名村"。

　　榜上古村地处深山腹地的湘江支流漠川河畔。过去村民出山只有沿着漠川河谷的山路而行，沿漠川河往下游北去可通兴安县城，溯漠川河源向南翻山越岭走小路辗转可达桂林。20世纪70年代，漠川河下游兴修五里峡水库，阻断了山路，出山进城要走一段水路。由于交通不便，使当地经济发展落后于其他村镇，村民有条件建新房的不多，也因此保留下一批古民居。

　　●● 图5-26　岭南建筑兵马第（张中　手绘）

　　明朝洪武三年（1370年）朱元璋授封朱守谦为桂林靖江王，湖北黄冈人陈俊奉命随王护驾。靖江王就藩后，由陈俊带兵任右卫使驻守漠川，卸甲后落籍漠川榜上村江西营自然村繁衍生息。清咸丰四年（1854年）十月，江西营为兵火所焚，陈俊后人陈克昌经多地勘察论证选址，携家眷搬到榜上古村居住，经过前后二十多年的修建，完成了陈家大院浩大的工程，古宅共60余座，多为两进三开、四合院等格局，左右两座高耸的炮楼护卫，如同人的左膀右臂。

●● 图5-27　岭南特色古炮楼（张中　手绘）

榜上村马头墙青砖到顶，火烧砖、青石板铺垫全村，粉墙、黛瓦、木石雕刻充盈整个古村。每座建筑都各有天井厢房，层楼叠院，高脊飞檐、斗拱券棚、曲径回廊应有尽有，尤其是雕塑在门框、门楣、栏杆、窗格上的花草、鸟兽，精巧绝妙，栩栩如生，此外，高耸的炮楼和幽深相连的巷道以及厚重的大门构成了陈家大院的防御系统，坚不可摧。

陈氏后代重文尚武，人才辈出，科举时代曾先后出了7名进士，18名文举，2名武举和7名贡生，多人因功受朝廷封爵，陈俊第十三代孙陈克昌，为人豁达、文武双全、经商有道，置良田三千亩，陈家遂为漠川首富，富甲一方，于是大兴土木，用了二十多年的时间修建了工程浩大的榜上村，陈克昌于嘉庆年间捐了二品顶戴，榜上村从此远近闻名。榜上村四面环山、群山连绵，山中水资源十分丰富。

● 图5-28　兴安县漠川乡榜上村民居马头墙（张中　手绘）

榜上村除了古迹外，还有大古墓和大樟树，为这个古老的村落构成了一幅美丽的画卷。

大约在125年前，陈氏后人在榜上古村山丘之下，建有一座占地十余亩的大古墓，由于各种原因，被改为水田，现占地2000平方米左右。大墓前有两排望柱和石狮、石马、石羊、石翁仲等，墓碑刻龙雕凤、花草、人物栩栩如生，气派雄伟壮阔。

村中有一棵1800多岁"高龄"的大樟树，不分昼夜、不辞辛劳地守护着古村，20余米高的树冠覆盖面积600多平方米，枝繁叶茂、四季常青、生机盎然，如同一把天然的遮阳伞。

漫步古村，村落厚重的传统文化气息扑面而来。不时会发现带有历史厚重感的功名魁匾在老宅的门前高悬，似乎在向我们诉说着榜上这个古老村落曾经的辉煌。居住在这里的陈氏后人，直至今天，依然秉承先祖遗训，保持着传统的生活习俗和文化气息。

# 八、步月文昌，孝义可风月岭村

月岭村位于桂林市灌阳县城北面30千米的文市镇，为第六批"中国历史文化名村""中国传统村落"。该村三面环山，背依灌江，植被茂密，环境优美。村后高山形如犀牛横卧抬头望月，故名望月岭（现称月岭）。该村有800多年历史，现居住着440余户人家共1500多人。祖居为唐氏家庭，祖籍为湖南零陵，宋末明初因兵灾迁入灌阳，至今一脉相传28代无一杂姓。

● 图5-29　清代岭南特色古建筑（张中　手绘）

　　古民居周围古迹众多，其中最难得的是建于清道光年间，被专家誉为石雕博物馆的"孝义可风"贞节牌坊。紧邻牌坊的是建于清乾隆年间的"步月亭"和"文昌阁"。"孝义可风"石牌坊耸立于月岭村前，气势雄劲，魁伟壮观。这座被称为"石雕艺术博物馆"的石牌坊，建于清道光十四至十九年(1834—1839年)，是清朝道光皇帝御笔亲批，是该村在外地任知县的唐景涛奉旨为养母史氏竖立的。道光皇帝还为这座石牌坊亲书了"孝义可风，艰贞足式"八个大字。此石牌坊取其前四个字孝义可风，命名为"孝义可风"石牌坊。牌坊高10.2米，长13.6米，跨度11.05米，为四柱三间四楼式仿木结构，上为梯形，下为长方形，坊上雕刻全用整块石料镂空或浮雕而成，每块石料均在500千克以上。整座牌坊，未用一点黏合剂，全由石榫、卯眼连接，互相支撑倚靠，十分坚固，现已历经160余年风霜雪雨，抗击了多次天灾人祸，仍丝毫未动，巍然屹立。

● 图5-30　桂林市灌阳县文市镇月岭村 "孝义可风" 贞节牌坊（张中　手绘）

　　月岭村古民居的主要建筑是被人们誉为 "小故宫" 的 "六大院堂"，是清代该村唐虞琮的六个儿子于道光年间 (1821—1851年 ) 同时修建的，依年龄顺序取名为 "翠德堂" "宏远堂" "继美堂" "多福堂" "文明堂" "锡嘏堂"。这六大院堂各立门楼，既相对独立又互为依存。六大院堂有几条古韵悠悠的深巷，游客到此如入迷宫，不知怎么走。六大院堂内均有主房，主房两侧配有厢房。院堂前建中门、天井、大堂，院堂后建小堂、天井、鱼塘、花园、菜园和炮楼、戏楼、书房、粮仓等，少则八九座，多则十几座，一个院堂相当于一个一百多人居住的自然村。各院堂均为青砖碧瓦的屋宇，青石铺就的路面，青石雕凿的柱头，青砖砌成的围墙，装饰的石壁雕龙画凤，古色古香，无不体现出木、雕、砌三匠的高超技艺和聪明才智。人在院堂内饮水、洗物、洗澡、钓鱼、赏花、看戏、读书等均不用出大门，真是方便至极。现在"锡嘏堂"正堂前面还保存一座完好的古戏楼。这座戏楼能容纳近百人看戏。听该村年近八十的老人唐苏讲，月岭村人有爱演桂剧、喜看桂剧的传统。

月岭村人才辈出，科举时考取进士12人，举人23人。月岭村文化历史悠久，早在宋末时期就建有剧团，清朝初期逐渐演变成为具有一定影响的桂剧团，是广西桂剧的创始地，现在还有保存完好的古戏台。

月岭村的古建筑，是科学，是艺术，是我国古代劳动人民智慧的结晶。它古老的建筑与美丽的自然风光交相辉映，争奇斗艳，异彩纷呈，构成了闻名遐迩、独具一格的民族艺术瑰宝。

●● 图5-31　岭南特色青石台阶大门（张中　手绘）

第六章

# 海纳百川

## ——岭南民居建筑

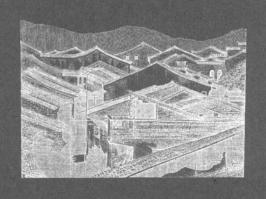

# 一、岭南民居建筑分类

● 图6-1　博白县大垌镇凤坪村龙江屯围屋
（张中　手绘）

　　根据移民的民系来源，广西的汉族主要由湘赣、广府、客家三个民系构成，因此广西的岭南民居的建筑形式，也主要为这三种类型。

　　第一，湘赣系民居。

　　湘赣系民居建筑类型特征，反映在平面上是以天井和堂屋为核心，并在"一明两暗"（指正房三间，由隔扇隔开，中间的作为堂屋，会客之用。剩下两间分别作书房与卧室）型的基础上发展成为"天井堂庑""天井堂厢""四合天井"和"中庭"型。

　　第二，广府式民居。

　　典型的广府式建筑多为"三间两廊"的小型"三合天井"模式，厅堂居中而房在两侧，厅堂前为天井，天井两旁分别为厨房和杂物房。聚落形态上采用梳式布局，以"三间两廊"住屋为一个单元，围绕村前水塘边的宗祠形成聚落，强调村落形态意义上的聚族而居。

　　三间两廊屋，即三开间主座建筑，前带两廊和天井组成的三合院

住宅，这是最主要的平面形式，特别在农村，大多数都是三间两廊民居。其平面内，厅堂居中，房在两侧，厅堂前为天井，天井两旁称为廊的分别为厨房和杂物房。明字屋平面为双开间，像"明"字，故称明字屋。它由厅、房和厨房、天井等组合而成。

● 图6-2　岭南古民居天井（张中　手绘）

第三，客家建筑。

客家人强调聚族而居，与其他民系采取以村落的形式聚居不同，客家人的整个宗族若干家庭几十人甚至几百人则习惯共同居住在同一门户之内，共享厅堂与"同一个屋顶"。相对恶劣的资源条件和地理环境使得客家人必须集约化地利用土地，选择紧凑的居住模式；为了抵御来自自然和人为的侵略，客家建筑也更为强调围合性与封闭性。

●● 图6-3 岭南客家民居封火墙（张中 手绘）

由于地处封闭的山区，思乡情切，客家人更加注重礼制的传承，对祖先的崇拜比其他民系更为强烈，"祠宅合一"是基本的建筑空间构建模式；同时，自称"中原正统"，沿承传统"耕读传家"思想的客家人十分重视教育，屋前的月池其实就象征着学宫大门前的半圆水池——泮池。

根据建筑性能划分，岭南民居建筑可分为会馆、庄园、故居、客家围屋、书院、骑楼街等。

# 二、岭南民居建筑环境

建筑结合自然的环境布置有以下两方面：

第一，建筑与大自然的结合。

建筑充分利用天然的即大自然的山、水，如山崖、峭壁、溪水、湖泊作为环境，以增加建筑物的自然风光。如高山村"七星伴月"格局及大楼村山环水抱格局。

高山村背周围有文笔岭、独头岭、马路岭、黄牛岭、锠盖岭、四社岭、横岭七座山丘，七岭将形似弯月的高山古村环抱其中，形成"七星伴月"的格局。高山村西面有寒山圣境遮拦，村周围有七个小山形成环抱状聚集之势，东有清湾江蜿蜒而过，对山势形成阻挡，从而形成了岭南特有的推笼格局。

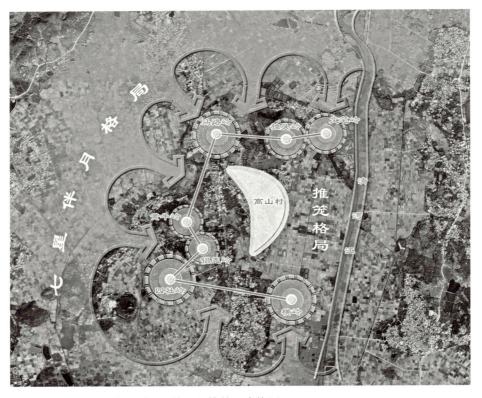

● 图6-4　玉林市高山村七星伴月与推笼风水格局

　　大楼村村落格局是一种中原文化与岭南文化有机融合的产物，带有浓厚的儒家文化的色彩。村落布局由门楼、街巷网络、宗祠、民居院落、水体、山体等要素构成，是一个典型的客家古村落，以山为靠，以水为带，形成山环水抱的独特格局。整个村落布局形成枕山面水、巷道纵横交错、院落毗邻相接、门楼狭窄的肌理形态，体现了人居环境的生态、形态、情态和意态的有机统一。

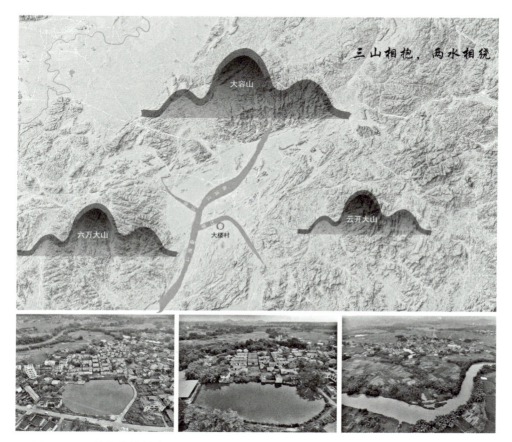

●　图6-5　玉林市大楼村山环水抱格局

　　第二，建筑与庭院的结合。

　　庭有多种类型，以水为中心的称水庭，以绿地为中心的称旱庭，以石景为中心的称石庭，石景在水面之中的称为水石庭。建筑物环绕庭院而建，称为绕庭建筑。

　　将庭院引入室内，也是建筑与庭院的一种手法，具体做法有：把庭院引入大厅、把庭院引入房间内、把庭院引入屋顶层，称为屋顶花园或天台花园，还有把庭院引入支柱层，称为底层花园。

　　传统民居建筑内部经常采用天井，以形成内部的院落空间，也是为了满足采光、通风的需求。在古人的意识里，天井也是人与天地沟通的一个重要场所。天井聚集雨水，雨水从天井由暗沟向前排入水塘，这是古人聚财理财的观念，因为在传统思想里，水即为财，曲则流而不去也。雨水流过屋檐流向院内，最终通过院内的地下道流向院外。

　　庭院是岭南传统民居的重要公共空间和景观节点，是公共空间—半公共空间—私密空间的结合部。同时，庭院也是重要的室内景观。在传统岭南民居内部，经常会将庭院的景观精心打理。其铺地采用砂土夯实，有防滑和渗水的双重作用。在庭院的适当位置摆设几棵盆景植物，使整个院子生机盎然，充满绿意。

●● 图6-6　岭南古民居庭院（张中　手绘）

# 三、岭南民居建筑细部

建筑一般包括基础、墙体、门、窗、屋顶、楼面、地面、楼顶八大构件，这些构件均对建筑的外观产生重要的影响。不同的构件（加上）体现着不同的建筑特色和民俗文化。广西古代岭南民居建设的外观主要特征有：

● 图6-7　兴业县谭村日月门（张中　手绘）

# （一）屋顶

广西岭南民居的屋顶很少是简单几何图形的"盒子式"外形，它的屋顶不会是一些平坦的线条，因此，其外轮廓线永远是优美的、柔和的，给予人一种千变万化的感觉。屋顶一般由屋面、屋架、屋脊和檐口四部分组成。

广西岭南民居的屋面以硬山、歇山为主。这两种类型的屋顶均属于中国传统建筑双坡屋顶形式之一。

玉林高山村　　　钦州大芦村　　　贺州黄姚古镇　　　横县李萼楼

● 图6-8　岭南建筑构件——屋面

贺州黄姚古镇　　南宁新会书院　　百色粤东会馆　　北流萝村

● 图6-9　岭南建筑构件——屋架

横县李萼楼　　　百色粤东会馆　　兴业庞村　　　南宁新会书院

● 图6-10　岭南建筑构件——屋脊

兴业县庞村　　　玉林大南跑曾祠　　玉林高山村　　　兴业泉村黎仲丹

● 图6-11　岭南建筑构件——檐口

● 图 6-12 典型清代岭南民居屋顶（张中 手绘）

硬山顶特点是有一条正脊，四条垂脊，形成两面屋坡。左右两面垒砌山墙，多用砖石，高过屋顶的檩木不外悬出山墙。屋面夹于两边山墙之间。屋檐不出山墙，故名硬山。从外表看，硬山顶屋面双坡，两侧山墙同屋面齐平，或略高于屋面。

歇山建筑是其中最基本、最常见的一种建筑形式。即前后左右四个坡面，在左右坡面上各有一个垂直面，故而交出九个脊，又称九脊殿或汉殿、曹殿，这种屋顶多用在建筑性质较为重要、体量较大的建筑上；形象突出的曲线屋顶在单座建筑中占的比例很大，一般可达到立面高度的一半左右。

古代木结构的梁架组合形式，很自然地可以使坡顶形成曲线，不仅面是曲线，正脊和檐端也可以是曲线，在屋檐转折的角上，还可以做出翘起的飞檐。巨大的体量和柔和的曲线，使屋顶成为建筑中最突出的形象。

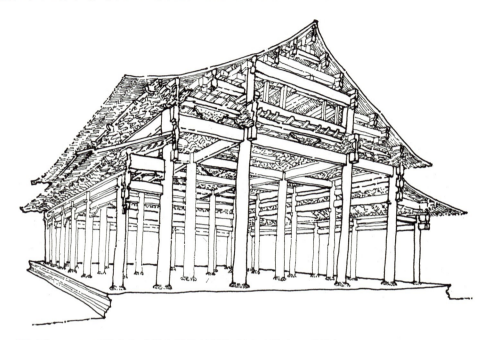

● 图 6–13　玉林市大成殿木结构的梁架组合（张中　手绘）

屋顶的基本形式虽然很简单，但可以有许多变化。例如屋脊可以增加华丽的吻兽和雕饰，屋脊的形式也很丰富，有博古脊、鱼龙吻脊、龙船脊等。其博古脊古朴刚硬，同时蕴含对龙、虎、狮等灵兽的崇拜；鱼龙吻脊两头设有龙吻或鱼龙吻，龙船脊形似龙舟。瓦可以用灰色陶土瓦、彩色琉璃瓦以至镏金铜瓦，曲线可以有陡有缓，出檐可以有短有长，更可以做出两层檐、三层檐，也可以运用穿插、勾连和披搭方式组合出许多种式样，还可以增加天窗、封火山墙，上下、左右、前后形式也可以不同。建筑的等级、性格和风格，很大程度上就是从屋顶的体量、形式、色彩、装饰、质地上表现出来的。

## （二）墙体

广西岭南民居的墙体一般从墙体材料、山墙墙头造型、墙体装饰等方面来体现其风格特征。墙体材料确定了民居建筑总体上的质感和色调。

　　一般来说，广西岭南民居建筑是土木混合结构和砖木混合并存。民居使用大面积的清水砖墙，除了安全防卫的实质功能外，还使宅内自成一个与外界隔绝的空间，形成一种外实内虚的神韵。

| 玉林高山村 | 贺州黄姚古镇 | 横县李萼楼 | 北流萝村 |

● 图6-14　岭南建筑构件——墙体

| 兴业庞村泥塑 | 兴业泉村砌砖花式 | 青砖 | 片石 |

● 图6-15　岭南建筑构件——墙体装饰及材料

　　从建筑整体看，勒脚、墙身、屋檐有明显水平划分，使房屋显得舒展流畅。建筑山墙造型一般为人字形、锅耳形和尖形三种形式，山墙上多砌有防火砖墙，是房屋外部形象重要装饰点之一。

　　不少民居建筑在墙体上使用透空的效果，称为漏明墙。漏明墙运用在建筑外墙或合院内部形成空透效果，既可减轻自重，也能突破大面积墙面的单调感觉，还起到通风采光的作用。还有一些民居建筑，采用神兽瓦当、雕磨门匾、彩绘、文化石等装饰物来装饰墙体，使建筑物外观更加美观。

●● 图6-16　岭南民居宜进堂花式墙体（张中　手绘）

## （三）门窗

在广西岭南民居建筑中，门作为民居的出入口，其设置和装修是比较醒目的。窗形式多样，变化丰富，具有美化墙面、沟通空间、借景、框景等功能，极具装饰作用。

横县李萼楼大门

玉林大南路曾寿侯祠大门

兴业县庞村木格窗

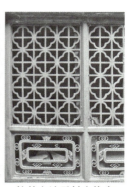
桂林市沙子村木格窗

● 图6-17　岭南建筑构件——门窗

● 图6-18　岭南民居青砖漏窗（张中　手绘）

●◐ 图 6-19　岭南清代古民居大门（张中　手绘）

　　民居的门装包括门扇、门槛石，以及在门上方放置雕刻的门匾。大门在民居中是一个重要部位，是建筑外观的视觉重点。大门的大小，门头的装饰的繁简、色彩以及门槛的高低都标志着建筑物的等级高低，更能显示主人的权位门第和贵贱贫富。大门的制作一般取材厚重、材料坚固，而且由于要安装在门框上，所以大门的安装又需要很多辅助性的构件。门里有插关，合上门扇后，要起到一定的防卫作用。门槛石的两侧面一般均施予雕刻，通常为动植物花纹。形式简单的便在门额上做点方框或小装饰，复杂的则做仿木构牌楼式样，如宗祠大门或独立大院，往往作四柱五楼，仿木构件更加精美，并有抱鼓石。一般从大门装饰的精良奢华程度上，便能看出民居主人的权势和富有。

●● 图6-20　兴业县岭南民居大门（张中　手绘）

传统民居中门窗以"漏"为题材，大小和形式在设计上十分自由，不受结构上的限制，它的形式在于构成室内外分隔画面，同时又把外景引入室内，变成剪纸一样的黑白效果，以利于视线穿越、建筑通风和室外空间的联系。雕刻精美的隔扇窗门，把室外景色分割开来，除此之外，漏窗、门扇也可以引申运用为各种各样的分隔空间的隔断。

● 图 6-21　岭南地区出土的铜鼓（张中　手绘）● 图 6-22　岭南古民居青砖漏窗（张中　手绘）

　　大多数民居内部的门窗、隔板等木构件，有的装以木格或花格窗门，有的用木条于外壁镶几何图案，雕刻的内容丰富，题材变化多样，有历史传说、人物故事、动物花卉、福字雕花、横竖棂子、回字纹、万字纹、寿字雕花等，雕刻细致，惟妙惟肖。在木雕技艺发达地区，有些民居门隔扇连续地并列使用，大片地构成与柱间的整个立面，因而隔心所造成的效果是最强烈的，它们是一种立体的、有阴影变幻的、有规划而又有着丰富变化的及有着象征主义内容的图案。除木质花窗外，漏花窗也有陶瓷雕花、石雕花、砖雕花的，它们的雕花图案也大多是动植物花纹。

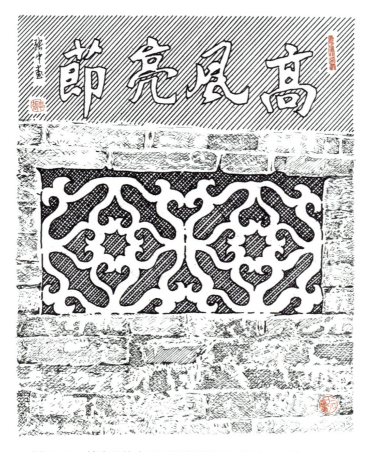

●● 图6-23　岭南风格古民居陶瓷漏花窗（张中　手绘）

## （四）建筑构件

　　广西岭南民居建筑细部构件造型构图轻盈活泼，尺度比例亲切宜人。在建筑结构的木构造上极尽修饰的本领。无论木雕、石雕均描金绘彩，挂匾悬对，具有民族传统文化的丰富内涵。

　　建筑构件的范围较广，包括立柱、大梁、挑手、脊项、斜撑、格扇门窗和窗栏板、柱础、栏杆、墙饰等，而构件中细部又包括窗棂、檐角、门枕石、井壁、门楣、柱础等，它们集中体现了工匠精湛的技艺和简朴大方的建筑风格。

●● 图6-24　岭南风格"双喜门"（张中　手绘）

　　传统民居建筑以木结构为主，是一个内外统一的有机体。穿斗木构架的承重方式使得实墙体从整体结构中解放出来，使得建筑内部空间的分隔、门窗开启更为自由。采取这种结构形式不仅可以组成一间、三间、五间到若干间的房屋，还可以造出三角、正方、八角、圆形及其他特殊平面的建筑造型。穿斗木构架除了承担房屋的墙体、楼板、屋顶的重量，其细部构件如梁、柱、穿枋、斗枋也常常成为建筑装饰的载体，具有丰富的艺术价值。

　　有些大户人家、宗祠、寺庙的室内，直接在梁上施彩绘、彩画或者雕刻，在三架梁和五架梁以下部分增设镂空的木雕，正所谓雕梁画栋。支撑梁架在端头承檩的部分更是彩画和雕刻的重点对象，有的把梁架上的瓜果底端雕刻成莲头形状，使梁架更富有装饰性。并且券棚下承檩的弯曲的梁架也是整块木雕刻出来的，既富有装饰性又是一个应力传力构件。

◖◗ 图 6-25　兴业县石南镇庞村檐下雕塑及彩绘（周娴　摄）

◖◗ 图 6-26　岭南建筑构件——柱础

　　柱础是与主体建筑有密切关系的部件。为了防潮、防洪水侵蚀和白蚁，岭南建筑柱础一般采用石构，柱础石比北方地区的要高。柱础的造型也很丰富，一般采用宫灯形、花瓶形、兽形、多层式等，其础肚常施以图纹雕饰，纹饰的变化也较以往丰富，题材更加多样化，有花鸟、动物、吉祥图案及反映风土民情的内容等，雕饰华丽，雕工精巧。形式与内容彼此互相穿插，主次搭配，形象生动，富有情趣和艺术魅力。

● 图 6-27　岭南传统村落青石柱础（张中　手绘）

　　除了梁和柱的装饰外，插拱、挑手、斗拱也是梁架中极富装饰性的构件，它们的端部常被雕刻成动植物的花纹样。如是干栏式建筑的四周的檐柱到楼层处均伸出"挑手"。栏杆有古栏杆、木栏杆、砖砌栏杆，栏杆的造型很丰富。这些装饰的手法蕴含着雕刻、绘画、楹联、匾额等为一体的综合艺术，而这种艺术又与古代的风雅历史、诗歌、文学等诸方面有着历史渊源，使房屋的总体风格达到了完善的和谐。

● 图6-28　兴业县石南镇庞村灰塑

## （五）建筑装饰

岭南建筑装饰集岭南乡土文化于一体，反映了浓厚的地方特色，主要有三雕（木雕、石雕、砖雕），两塑（灰塑、陶塑瓦脊）。

● 图6-29　兴业县石南镇庞村木雕装饰（周娴　摄）

三雕：木雕、石雕、砖雕。

木雕。岭南木雕以灵秀著称，表现技法与徽州、江南一带的木雕有很大不同，徽州、江南一带的木雕以浮雕、深浮雕为主，而岭南木雕善于运用多层次镂空雕法。同时，匠师们综合运用浮雕、圆雕、镂空、镶嵌、拼接等手法，因材施艺，机变贯通，把内容与形式完美结合起来。岭南木雕最大的特色为"髹漆贴金"，表现出金碧辉煌、工精物美的艺术特色。

石雕。石材坚实、耐风化，雕作部位有台阶、柱础、抱鼓石、门框、牌坊等。岭南最有名的是石狮和石牌坊。石狮形态生动、线条流畅；石牌坊构图奇巧多变，刀法浑朴自然。岭南以石雕最为精细，可以打凿出又细又长的悬空的牵牛鼻绳，令人叫绝。

砖雕。砖雕是一种色彩朴实而又高雅的墙体装饰艺术。岭南砖雕主要用于祠堂庙宇的墙头、天井、照壁、门楣等处。岭南砖雕显出纤巧、玲珑、精细如丝的工艺特点，习惯称之为"挂线砖雕"。砖雕在陈家祠、庞村等建筑墙体上有着充分的体现。

两塑：灰塑、陶塑瓦脊。

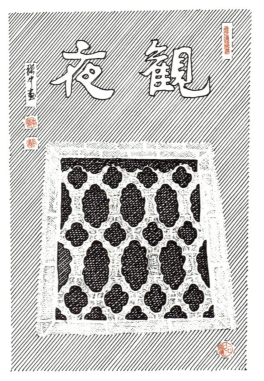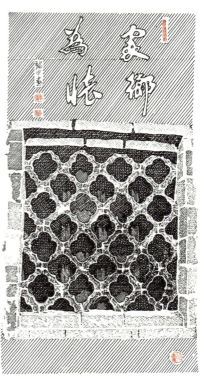

● 图6-30　清代风格岭南民居砖拼花窗（张中　手绘）

🔴 图 6-31　兴业县韦村民居照壁（张中　手绘）

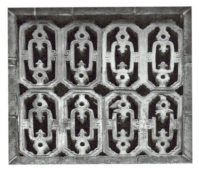

🔴 图 6-32　兴业县石南镇庞村砖雕装饰

灰塑。灰塑是用石灰、麻刀、纸浆和铁丝等塑制而成的饰件。表现形式有浮雕、圆雕等，它制作自如，可塑性强，常用在脊饰和檐下，也可塑成翼角、鳌头、走兽等立体饰件。其工艺特点是玲珑通透，层次分明，主题突出，如佛山祖庙两旁门额的灰塑、"唐明皇游月宫"、东廊的"郭子仪祝寿"等。

陶塑瓦脊。陶塑瓦脊是指用泥塑好的形象经过窑火煅烧而成的工艺品，它有不怕风雨、久保色质的优点。陶塑瓦脊以佛山石湾陶塑最为知名，在布局和塑造上表现严谨，线条明朗简练，造型错落有致，富有韵律美。

## （六）装饰图案

岭南民居建筑装饰简洁朴实，材质色调天然本色，充分反映出广西的地域性。岭南建筑装饰图案所采用的题材，几乎囊括了传统的民间装饰题材，有历史故事、神话传说、渔耕樵读的日常图景、戏曲小说场面、吉祥如意图案、虫鱼麟甲、走兽飞禽、奇花异草、龙凤随队、山水胜境、亭台楼阁，甚至名人诗句、名家书法。岭南工匠更善于表现有地方特色的题材，通常较多表现的有岭南佳果：洋桃、番石榴、香蕉、荔枝、芭蕉、桃、李；岭南花木：红棉、茉莉、榕、桂、兰、芷、芙蓉、指甲花、素馨花；岭南风光，诸如广西八景，就常作为广西屏风、壁画之内容。

匾额是古建筑的必然组成部分，相当于古建筑的眼睛。悬挂于门屏上作装饰之用，反映建筑物的名称和性质。悬于宅门则端庄文雅，挂在厅堂则蓬荜生辉。

●● 图 6-33  玉林市高山村民居屋檐裙画（周娴  摄）

古建筑屋檐、屋顶下绘有彩色的"裙画"，保存良好，内容丰富，多为花卉及鸳鸯、仙鹤等吉祥题材及传统教化故事、花草虫鱼为主题。笔法细腻、圆润、精美，手工精细，惟妙惟肖，栩栩如生。

因为南方多雨，屋脊须加粗加高才能避免渗漏，但修建后看到光秃秃的一条屋脊，既不雅观，又浪费空间，于是人们便在其上尽情施展自己的艺术才华和想象天赋，在点画之间就不自觉地流露出神龙、水牛、水草这些绵承千年的古老文化艺术传统和深深根植民间的各种古老信仰。

　　在屋脊上，我们偶尔能看到一些几何图形装饰，其实有些是变形夔纹。至于一些岭南民居屋脊中间还有二龙戏珠的装饰也可以理解，因为这珠就是龙珠，也称夜明珠，具规避水火的功用，并非单纯的装饰美观。

●● 图6-34　南宁新会书院屋顶灰塑（周娴　摄）

# 四、岭南民居建筑色彩

　　岭南建筑在色彩选择上往往喜爱用比较鲜明的黑色及灰色作为主基调，同时又喜欢用青、蓝、绿、红等纯色作为辅助色和点缀色，这些能使建筑物既显庄重又不失活泼。

　　岭南民居色彩整体表现出以黑灰色为主调的特征。在古代，各朝代的帝王对色彩都有偏爱，如夏朝尚黑，商朝尚白，周朝尚赤。《檀弓》谓"夏后氏尚黑"，据考证，夏禹之父鲧，为夏民族的首领，鲧的后代一支为夏族，到河南嵩山一带建立了夏朝；另一支为番禺族，南迁至越，岭南地域留下了古番禺族的足迹，很多地方受到夏族传统的影响。如：夏人以蛇为图腾，夏人尚黑；古越人也以蛇为图腾，也尚黑，而且这种习俗一直留存至今。尚黑的传统在岭南建筑中得到了充分的体现，如黑色的博古、大门、梁架、窗框、隔扇、落地罩、封檐板、山墙等，在粤东会馆中，更是体现了"尚黑"的传统，大殿的柱子、屋面等都用黑色呈现。黑色在岭南建筑中具有不可动摇的统治地位。

从另外一个方面也可以解释岭南建筑尚黑的特性。古代先民对色彩作出了许多伦理的思考，把金、木、水、火、土五行作为解释宇宙生态系统的根本，它们与色彩的对应关系如下：金—白，木—青，水—黑，火—赤，土—黄，如此看来，黑对应的是水。由于岭南人自古对水便有一种天然的崇拜，认为水就是财，再加上岭南重商重利的文化特性，对黑色便具有一种与生俱来的喜爱，在建筑色彩中普遍运用也就不足为奇了。

灰色也是岭南建筑中运用较多的色彩，通常是灰麻石勒脚、灰青砖墙面、灰瓦屋面、灰色的脊饰、灰色的墀头砖雕等。灰色一般都表现出材料的本质色彩，显现出质朴、高雅的情调，岭南地区的建筑材料大多运用原色进行装饰，这就使灰色有了更多发挥的空间。

黑色具有神秘的视觉感受，建筑配上各种深灰、浅灰、青灰，整体感觉庄重，反映了岭南先民的审美情趣和色彩取向特点。此外，加上其他装饰形式所表现出的多彩效果，如陶塑的色彩、灰塑的多彩表现以及彩色玻璃的效果，它们与建筑大的黑灰色调配合在一起，使庄重的建筑表现出活泼的一面。

# 五、岭南民居建筑要素

## （一）开敞通透的空间布局

建筑平面布局中要考虑建筑的朝向以便获得良好的通风条件，通透的空间，包括室内外空间过渡和结合的敞廊、敞窗、敞门以及室内的敞厅、敞梯、支柱层、敞厅大空间等。

岭南建筑的突出特点是适应岭南多雨、炎热、潮湿的气候环境，因此在建筑的屋顶坡度、走廊形式、内部空间等方面都尽量满足防雨、遮阳、通风的要求。传统的岭南民居通过巷道、天井、门窗等构建的组合达到通风透气的效果；通过骑楼街满足人们防雨、遮阳的效果；通过周边绿化达到景观和遮阳的双重效果。

● 图6-35　兴业县大西村民居巷道（张中　手绘）

## （二）轻巧的外观造型

建筑设计的艺术组成有四个要素，即体型、材料、细部和色彩，其中关键是体型。建筑物的造型美观悦目，其首要的条件是体型得当，即比例恰当、优美。和谐优美的比例是形成建筑自然美的必要条件。其次是材料，它是建筑形成的物质基础。细部和色彩包括装饰、装修，是建筑增加美观的重要辅助手段。

南方气候炎热、潮湿多雨，人们的性格喜爱一种轻盈、活泼的生活，同时更喜爱户外活动。对于厚重实体的物件，往往从内心感到繁重压抑。这种观念也影响到对建筑的看法，总的来说，希望建筑轻巧、活泼、自由。

## （三）明朗淡雅的色彩

岭南建筑在色彩选择上往往喜爱用比较鲜明的黑色及灰色作为色彩基调，同时又喜欢用青、蓝、绿、红等纯色作为辅助色和点缀色，这些能使建筑物既显庄重又不失活泼。

●● 图6-36　陆川县平乐镇爱菊堂（张中　手绘）

## （四）与自然环境充分融合

建筑充分利用天然的即大自然的山、水，如山崖、峭壁、溪水、湖泊作为环境，以增加建筑物的自然风光。建筑与庭院的结合，其特征就是有庭又有院、庭与院的结合。

第七章

寻古觅今
——岭南民居寻踪

# 一、粤东会馆，观商海风云

广东、广西在地理区域上同属于岭南地区。南岭山脉横亘于今广东北部、江西南部、广西北部，把长江流域和珠江流域分隔开来。珠江源头有东、西、北三江。其中，西江发源于云南，几近贯穿广西全境，由梧州流入广东西部，成为珠江干流。西江流域是广西、广东两地之间进行社会经济文化往来的重要通道。明清时期，广东商人溯西江而上，大量地进入广西，从事商贸活动，并在各大城镇建立会馆，作为开发占领市场的据点。会馆是明清时期发展起来的一种社会组织，除了少数为业缘性会馆外，绝大部分是以乡土为纽带建立起来的地缘性会馆。广东商人所建造的会馆都有固定的建筑形式，基本上都以原籍命名馆名，其中以广州为主的广东商人在广西建造的会馆被称为粤东会馆，而潮州商人建立的会馆被称为潮州会馆。粤东会馆建造的经费大多由同籍乡人集体捐助，建筑材料也多从广东经水路运来。除了桂东北少数几个州县没有粤东会馆外，多数州县都有一个乃至几个粤东会馆。以会馆为依托的粤商入桂，促进了西江流域沿岸交通便利的各州县以及一些重要圩镇的繁荣。

随着时间的流逝，大部分粤东会馆建筑已遭破坏，不复存在。本书主要选取广西地区部分现存较好的粤东会馆进行介绍，具体如下：

| | | |
|---|---|---|
| | 百色粤东会馆 | 百色市解放步行街 |
| | 南宁粤东会馆 | 南宁市壮志路 22 号 |
| | 玉林粤东会馆 | 玉林市城区大北路东南段 |
| | 苍梧粤东会馆 | 梧州市苍梧县城龙圩镇 |
| 粤东会馆 | 北流粤东会馆 | 北流市永安路一里 9 号 |
| | 平乐粤东会馆 | 桂林市平乐县 |
| | 平南粤东会馆 | 贵港市平南县大安镇 |
| | 钟山粤东会馆 | 贺州市钟山县英家街尾西 |
| | 贺州粤东会馆 | 贺州市贺街镇河东街 |

## 1. 百色粤东会馆

百色粤东会馆位于百色市解放步行街，始建于清康熙五十九年（1720年），此后历经多次重修。1929年12月11日，邓小平同志成功发动百色起义，将中国工农红军第七军司令部设在粤东会馆。新中国成立后，"右江革命文物馆"在会馆旧址上建立。1988年，百色粤东会馆被公布为全国重点文物保护单位。

百色粤东会馆整个建筑占地面积2331平方米，建筑面积2661平方米，具有典型的岭南古建筑风格。会馆建筑以砖木结构为主，坐西向东，以前、中、后三大殿宇为主轴，两侧配以对称的四进厢房和庑廊，构成"日"字形状。大厅内的立柱、檩橡头，多使用坚硬如铁的楠木，后两座厅堂的10根巨柱，更是用整根楠木制成，具有顶天立地的英雄气概。粤东会馆设计巧妙，设计者先是固定好抬梁式与穿斗式混合结构的榀梁架，然后通过大梁往上的瓜柱支撑，层层垒叠，通过桁条再传给下层梁，每层梁架上的大梁各自作榫插入前后檐相应的石质檐柱上，大梁的另一端则支撑共同的承重墙，这不仅具有很好的稳定性，还具有很高的观赏性。整个建筑是一件文化教育艺术精品。

● 图7-1　百色粤东会馆

### 2. 南宁粤东会馆

南宁粤东会馆位于南宁市壮志路22号。原馆分前、中、后三进，两侧有通道、厢房、戏台等，道光年间重修，民国初年为南宁最雄伟的会馆建筑。1982年，粤东会馆被公布为南宁市文物保护单位。会馆坐北朝南，由正殿和东、西两侧殿组成，沿中轴线对称布局。正殿面宽三间16.6米，进深12.14米，花岗石台基，硬山式顶，砖木结构，清水墙。梁架雕刻历史人物故事，工艺精湛。

### 3. 玉林粤东会馆

玉林粤东会馆位于玉林市城区大北路东南段玉林镇大北小学旁，始建于明末，历经多次重修。会馆现存前座、中座两进，每进三开间，面阔13.2米，2006年进行修葺，现为玉林市级文物保护单位。

● 图7-2 玉林市岭南粤东会馆（张中 手绘）

### 4. 苍梧粤东会馆

苍梧粤东会馆位于梧州市苍梧县城龙圩镇，距梧州市区12千米。广东商人进入广西后，以龙圩为集散地，并于清康熙五十三年(1714年)将关夫子祠堂改建为会馆。会馆现存主体建筑为四合院式布局，包括山门、关夫子殿和天后宫，砖木结构，硬

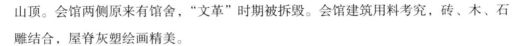

山顶。会馆两侧原来有馆舍，"文革"时期被拆毁。会馆建筑用料考究，砖、木、石雕结合，屋脊灰塑绘画精美。

### 5. 北流粤东会馆

北流粤东会馆位于北流市永安路一里9号（城南小学旁），在清康熙年间由广东商人捐资兴建，原称总和堂，乾隆二十年（1755年）改建为粤东会馆。乾隆五十年（1785年）被洪水冲塌重修，增建厅堂、神座和戏台。咸丰七年（1857年）毁于战火。同治七年（1868年）粤商修复。房屋坐西朝东，房屋属砖木结构，布局依次为门楼、左右厢房、中座、神楼、两侧小巷及庑廊。庭院及通道地面均铺红色阶砖和花岗岩条石。屋面歇山式盖青瓦，屋脊灰雕双龙戏珠，山墙上有8面烽火墙。门楼是会馆建筑艺术之精华，石门架，墙上饰浮雕，造型千姿百态，栩栩如生，艺术价值较高，中座内有4根花岗岩石柱支撑屋顶。整座建筑宏伟壮观且具有较高的艺术价值。1962年公布为县级重点文物保护单位。

### 6. 平乐粤东会馆

平乐粤东会馆位于桂林市平乐县，始建于明万历年间（1573—1620年）。平乐粤东会馆现由前厅、香亭、天后宫、厨房、侧厅等部分组成，砖木石结构，屋檐下装饰有金漆木雕花檐板，梁架上也有精美的金漆木雕图案。粤东会馆一进的正脊原装饰有人物陶塑屋脊，"文革"期间被毁坏殆尽。会馆内现存14幅碑刻嵌入墙内，保存较好的碑文有清咸丰三年（1853年）所立的《奉宪永禁赌碑》，这些碑记是研究平乐粤东会馆历史和两广地区商贸往来的重要资料。

### 7. 平南粤东会馆

平南粤东会馆位于贵港市平南县大安镇，创建于清乾隆五十八年(1793年)，道光二年(1822年)由在此经商的广东人迁建于此。会馆主体建筑有头门、中座和后座，前后天井，两侧有廊庑，后座、后天井和廊庑在清咸丰初年毁于战火，后来被修复。1994年7月，平南粤东会馆被公布为广西壮族自治区级文物保护单位。

### 8. 钟山粤东会馆

钟山粤东会馆位于贺州市钟山县英家街尾西，建于清乾隆四十二年（1777年）。会馆坐北朝南，现仅存前殿、后殿两座建筑，砖木结构，硬山顶。2000年，钟山粤东会馆被公布为广西壮族自治区级文物保护单位。

### 9.贺州粤东会馆

贺州粤东会馆位于贺州市贺街镇河东街，始建年代无考，清道光二年（1822年）重建并保留至今。贺州粤东会馆占地面积620平方米，由前、中、后三大殿及两侧的厢房组成，砖木结构，硬山式顶，雕梁画栋，壁画和木石雕塑精美，具有较高的历史和艺术价值。

粤东会馆作为广府商人聚会的地点，大体上采用祠堂的格局，四合院建筑形制，硬山式顶，砖木石结构。粤东会馆在结构上，既有祭祀、议事的厅堂，同时供奉神祇，以祈求生意兴隆，也有供同乡聚会、节日娱乐的戏台，有的还提供住宿、读书等用房。广西地区的粤东会馆，建筑上普遍采用木雕、砖雕、石雕、灰塑、陶塑、彩画等岭南传统建筑装饰工艺，装饰的重点部位有门、梁架、檐板、屋脊、墙壁、墀头、柱础等显眼之处。会馆的梁架、檐板通常采用木雕装饰手法，雕刻内容有花卉、动物等吉祥图案，也有历史故事、民间戏剧等大众所熟悉的人物图案。有些人物图案构图极为丰富，栩栩如生。会馆山墙墙头、墀头上的装饰以砖雕为主，构图有分别站在门檐和楼台上的各式人物，也有植物花草、博古器物等图案，具有浓郁的地方特色。石雕比较坚实、耐风化，常用在会馆建筑的门框、台阶、柱础、抱鼓石、门框等室外装饰部位。通常有凹凸廊和高台基，这种手法一可防风避雨，二可产生里面阴影，以虚实对比来加强中轴。门簪和横楣联精心雕琢，蔚为壮观。灰塑通常用来装饰会馆的屋脊和屋檐下方，题材有鳌头、仙人、走兽等立体造型，色彩艳丽。有些会馆建筑的屋脊以陶塑屋脊作为装饰，题材有动物、植物、故事传说、戏剧人物等，使建筑物显得高雅堂皇，在阳光的照射下，斑斓耀目，凸显岭南建筑装饰风格的浪漫气息。

# 二、名人庄园，载历史兴衰

广西的古民居，多以村落群居见长。能凭单座宅院称雄一方者，寥若晨星。然而，在八桂大地中，却保留着数座民国时期遗留下来的庄园，虽是单家独户"隐藏"在僻静乡间，却如建筑专家所感慨的展现出"超群"的气势！

本书主要选取广西地区部分留存较好的名人庄园进行介绍，具体如下：

| 名人庄园 | 黄肇熙庄园 | 来宾市武宣县二塘镇樟村 |
| --- | --- | --- |
| | 郭松年庄园 | 来宾市武宣县桐岭镇石岗村 |
| | 刘炳宇庄园 | 来宾市武宣县河马乡莲塘村 |
| | 李萼楼庄园 | 南宁市横县马山乡汗桥村委西汗村 |
| | 蔡氏古宅 | 南宁市宾阳县古辣镇境内 |
| | 谢鲁山庄 | 玉林市陆川县乌石镇谢鲁村 |

●● 图7-3 民国岭南巴洛克风格古建筑（张中 手绘）

## 1.黄肇熙庄园

黄肇熙庄园是广西最大的庄园，距武宣县城13千米。黄肇熙曾任柳州统税局长和广西第四军司令官（陆军少将），于民国二年（1913年）从广东请来工匠开始修建庄园，民国三十一年（1942年）全部建成，历时29载。

庄园占地面积10.66万平方米，建筑面积3.99万平方米，共有房屋199间，呈四方集群状，左右严格对称，布局完整，功能齐全，面积宽大，气势庄严肃穆，环境幽雅迷人，为中国传统的庄园院落式建筑，有浓郁的岭南建筑风格。主房由前、中、

后三进及左右厢房组成，均为两层建筑。每层之间设有天井间隔，天井四面设有柱廊相连。院落四角是岗楼 ( 炮楼 )，楼高 4 层，可眺数里。庄前有花圃、大池塘，后有果园、草料园，四周有环园小溪，四季流水。

## 2. 郭松年庄园

郭松年庄园位于武宣县城外 18 千米的桐岭镇石岗村。庄园于民国九年 (1920 年 ) 开始建设，历时 5 年，是一座共有 99 间房屋的中西结合庄园。

庄园中西洋风格的主楼卓然而立，围绕着主楼的却是典型的中式传统厢房和岗楼。一眼望去，就像一位追求时尚的绅士，在一身洋气的西装外，又不得不"入乡随俗"地裹上马褂。四角设四个炮楼，整座建筑呈四方集群状，左右严格对称。设有前庭后院，前庭有半圆形的池塘，中西结合，布局完整，功能齐全，下料严谨，用工考究，自成一体。内外墙壁上古松、花草、飞鸟、走兽等浮雕，栩栩如生。整个庄园处处透着高雅的艺术气息，是西洋风格的精巧典范。遗憾的是由于保护不周，部分建筑楼板腐朽，楼梯坍塌，荒草丛生，给人一种满目疮痍的感受。

## 3. 刘炳宇庄园

刘炳宇庄园位于武宣县城 30 千米外的河马乡莲塘村，庄园主体建筑三层楼，楼前有 1000 平方米的花园，院外有 900 平方米的荷塘，属中西结合的建筑群。该庄园被当地人称之为"将军第"。

庄园有主房三层，辅助用房两层，青砖混合结构。该宅在布局上仍为中国传统的院落式建筑。中间主房布局紧凑，房间之间用内廊相连，左右严格对称。主房后设置神堂，前设前院，前院两侧均有厢房，院落四角设有岗楼，前两岗楼用走马楼相连。前院种植花草林木，与院前池塘相互映衬。2004 年被来宾市人民政府确认为市级重点文物保护单位。

## 4. 李萼楼庄园

李萼楼庄园位于广西横县马山乡汗桥村委西汗村。庄园建于清道光年间，距今已将近 200 年的历史。李萼楼是庄园的"末代庄主"，由于他是当地名人，后代对他较为熟悉，加上他对庄园又进行了扩建，增建了几座宅屋、花园和碉楼，在中式传统古建筑群里融入了西洋建筑元素，使得这座地处广西东南部一隅的家族建筑群既有西欧古雅城堡的美感，又具岭南建筑典型的风格，故后人将庄园称为李萼楼庄园。

李萼楼庄园属于清代民居古建筑，由德惠堂、光裕堂、敬修堂、花园、碉楼等几部分组成。整个庄园依山势而建，坐北朝南，布局严谨，占地6000多平方米，建筑面积2000多平方米。庄园中最大的三座宅屋叫"三昆堂"，即德惠堂、光裕堂和敬修堂。它们是庄园所有建筑中工艺最好、艺术价值最高的建筑。"三昆堂"与其他的花园、碉楼一起，每座建筑可独立成院，又都有小门相连。"三昆堂"每座面阔三开间，进深两间，左右有耳房连接，中间为天井，前面是用围墙围起来的小院，围墙边有小门相通。屋顶为硬山顶，正脊、垂脊均为砖砌饰彩绘，雕饰有花鸟、灵芝、祥云、山兽等图案。檐墙、院落围墙、大门上方及内墙上均有各种图案及田园风光、人物故事等内容的壁画和诗词楹联，一诗一景、景文相配。各堂间还有为了备战和防御而设置的迷宫式的过道、走廊与台阶。在庄园的东西两侧，分别耸立着两座担任守卫任务的碉楼。碉楼居高临下，分上中下三层，各设数个圆形或方形的观察孔和射击台，颇有"一夫当关，万夫莫开"之势。

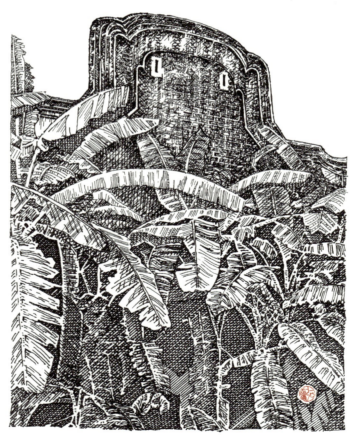

●● 图7-4　岭南民居官帽墙（张中　手绘）

## 5. 蔡氏古宅

蔡氏古宅位于广西宾阳县古辣镇境内，是保存较为完好的古建筑群，堪称中国岭南古建筑的瑰宝。距今已有500年的历史。古宅占地5万平方米，有房180多间，由蔡氏书院、蔡氏古宅群和小金洋楼等几部分组成。

蔡氏古宅始建于明朝，后历经数百年的不断修缮，现存的大多建筑是清朝举人蔡凌霄及蔡氏家族于咸丰九年（1859年）后重修的。虽历经风风雨雨，许多建筑至今仍保护完好。蔡氏家族曾是宾阳县一个十分显赫的书香世家，家族中取得功名者不少。古宅的建筑，不仅体现蔡家作为官宦世家的庄严与气派，也体现其深厚的文化底蕴，带有很强的艺术性和科学性，是研究清代民居的一个典型样板。

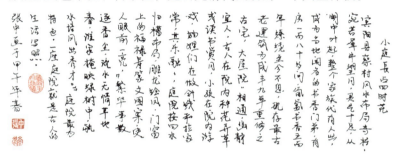

● 图7-5　清代岭南风格古建筑（张中　手绘）

蔡氏古宅分为"老屋"和"新屋"两部分，共三处。三处建筑群均为三进式青砖瓦房，主体建筑均分为正厅、二厅、三厅。正厅最高，二、三厅依次略低，体现正厅至高无上的地位；各厅之间在左右均有廊连接，中间有天井，形成"四水归堂"的建筑格局，以体现"四方聚财"的民间建筑理念。外围四面绕以包廊，形成抱护之势。包廊后方两角各设一个高高的炮楼。整个格局颇显蔡氏古宅的深宅大院气派。新屋部分的建筑，严整的对称艺术特点尤为明显，更体现出屋宅的庄重与威严。院内地面用青砖铺就，主道和非主道的铺设均依据一定的法则进行，屋上雕梁画栋，门窗饰以"福禄寿"等篆文图案，前门亦有山水画及篆文书法，展现了整座建筑的艺术性，体现了深厚的文化底蕴，是典型的清代民居。

●● 图7-6 清代岭南风格古建筑（张中 手绘）

## 6. 谢鲁山庄

谢鲁山庄位于广西陆川县乌石镇谢鲁村，是自治区级风景名胜区、自治区级重点文物保护单位。由吕芋农（春瑄）始建于1920年，历时20年建成。

人到谢鲁无俗情

谢鲁山庄位于陆川县西南陆川县乌石镇外坪。原名树人书屋，又名谢鲁花园。占地一千方公里，延绵长五公里，是中国保存最完美的四大民间私家庄园之一。

吕芋农先生设计并于一九二〇年始建，时二十年建成。布局精妙，独树一帜。就《琅嬛记》中神仙府和大观园意境拾一炉。有岭南第一家之誉。现偶省级文物保护单位。安得奇书三千娱此白首。再植名花十万流芳后世的神仙洞府和世外桃源。一景一诗，中西合壁。埋头践行成功地营造了他其民间时期岭南风格和本缀有山庄主立下此宏愿。

学术研究懿植。

岁在壬辰孟冬鹭斋主陈中楷于鹭林

图7-7　中国四大庄园——陆川县乌石镇谢鲁山庄（张中　手绘）

传说庄园是吕芋农根据《琅嬛记》与《红楼梦》中所述，仿苏州园林，依山势而建。山庄的整体建筑从低到高，层叠而上，庄园内的亭、台、楼、阁、廊、桥、树、厅、堂、房等建筑构造独特。山庄内建筑贯以"一至九"的数字设景，整体取"天长地久"之寓意。每个字各建其景，每处景各含其义，这在建筑史上也是极为少见的。一个小门，外看无特色，而步入二门则豁然开朗，别有洞天。二重围墙，含有园中园的意蕴，外园栽种果树，里园培育花草。三层为主体，第一层是迎屐，迎宾之地；第二层是湖隐轩，待客之地；第三层为树人堂，读书之所，有"三元及第"的寓意。四方大门则比喻招徕四方宾客。五处假山，宛若五岳朝天。六栋房屋，表示六亲常临。七口池塘，暗示七面镜子，供七仙女下凡梳洗之用。八座亭子，喻为八面玲珑，每座亭子均各有千秋，九曲巷道的"九"与"久"是谐音，比作地久天长。此外，周边开有十二个游门，意指十二个时辰运转不息；又有长廊曲径五千米，象征中国五千年的峥嵘岁月。

● 图7-8　中国四大庄园——陆川县乌石镇谢鲁山庄小兰亭（张中　手绘）

整个庄园，布局得体，师法自然，依山就势，仅用平房也使景观层叠，前后掩映，步移景异，高低错落，曲折迂回，园景自是丰采极盛。建筑虽非红墙绿瓦、雕梁画栋，但其素中见雅，土中显秀，独具山庄园林中曲折幽深、小巧别致的南方特色，是客家传统造园建筑文化的典型。另外，在造园选材上使用黛瓦、青砖、白墙和少量石柱，皆为本地所出，除门窗外鲜见木材显露，还用上不少砖瓦漏花，这些做法使园景土拙、粗犷，色调素雅、灰幽，从而达到与山水绿化环境相合，如出天然。整座庄园山、水、景、物错落有致，浑然一体。园中曲径通幽，奇花飘香、异草争绿，徜徉其中，仿佛置身世外桃源。浓厚的历史文化、优美的自然山水、良好的生态环境在谢鲁山庄得到完美、和谐的统一。

● 图7-9　中国四大庄园——陆川县乌石镇谢鲁山庄折柳亭（张中　手绘）

● 图7-10 中国四大庄园——陆川县谢鲁山庄凉亭与连廊（张中 手绘）

　　这些留存下来的名人庄园，建筑风格时代气息明显。明清之前的房子均为平房，整个布局采用中国传统风格，按人的等级设计，上层人士走正门（大门）、住大房，下人住旁边厢房、走小门（侧门），房屋整体建筑以正门朝向为轴线两侧对称，房脊装饰少，正门为护耳楼，两侧有护耳高凸，显得庄重雄伟。建筑群有护卫房，墙壁上有枪眼。清末至民国时期由于受西方文明影响，建筑物既保存有中国传统分等级、以正门为轴线的两侧对称雕梁画栋的风格，又吸收西方的一些建筑装饰风格，故在墙、梁及天花板上常见西洋画或中国神话故事的组画。建筑群有平房、楼房，房的檐、脊、柱、窗、门框雕刻得十分考究，每一部件均属艺术佳品。

# 三、名人故居，忆峥嵘岁月

广西自古以来物华天宝，人杰地灵，在历史上人才辈出。广西的文臣武将、哲人才子有不少活跃在中华民族的历史舞台上，为中华民族的发展和社会的进步做出了不可磨灭的贡献。名人故居是一个时代一个地区政治、经济实力的整体反映，而留存至今的名人故居，无不向后人展示着文化和建筑的双重历史内涵。

本书主要选取广西部分留存较好的名人故居进行介绍，具体如下：

| | 冯子材故居 | 钦州市钦南区沙埠镇白水塘村 |
|---|---|---|
| 名人故居 | 刘永福旧居 | 钦州市钦南区板桂街 10 号 |
| | 黄旭初旧居 | 南宁市明德街 53 号 |
| | 白崇禧故居 | 桂林市临桂区会仙镇山尾村 |
| | 李宗仁故居 | 桂林市临桂区两江镇浪头村 |
| | 李济深故居 | 梧州市苍梧县料神村 |
| | 韦云淞故居 | 玉林市容县松山镇政府 |
| | 夏威夏国璋故居 | 玉林市容县松山镇大中村 |

## 1. 冯子材故居

故居建于光绪元年（1875年），占地面积64350平方米，是冯子材重组萃军开赴抗法前线的总部。故居前临碧水，后倚青山，居所坐南向北，砖木结构建筑，包括三个小山丘，周围有墙垣。屋分三进，每进三栋，每栋三式，构成富有岭南特色的"三排九"建筑模式。面通宽40.5米，通进深45米。主体建筑面阔三间，合梁与穿斗式混合构架，硬山顶，灰沙筒瓦盖。建筑注重牢固实用，没有豪华的装饰，但质高艺精。故居周边还有宗庙、塔、宇、马厩、鱼塘、水井、花园、果园等附属建筑，外筑围墙，规模宏大，院内东头新建有碑林，字迹精湛清秀，笔势遒劲，自成一景。

故居有一独特之处，大门与主座正房不在同一轴线上，主座坐北向南，而大门却向东南方。据说当初择地之时，风水先生卜其地为白虎地，白虎直出势必伤人，所以改变大门方向，取白虎摆头、蓄气养锐、回环有情之格。故居地处的小山丘叫"卧虎地"，因"卧虎"与"饿虎"谐音，主人既想借助虎威，又要防虎伤人，便在故居外东西两面各建一塔，日出日落，都有塔影如同鞭子抽打在虎身上，以此塔鞭镇住"饿虎"，称为"虎鞭塔"。原塔已于20世纪50年代拆毁，仅存遗址。进了大门是约400平方米的演兵场，青砖铺就，乃当年操练兵勇的地方。主座正房的八级台阶和高约半米的门槛傲然地显示着冯子材的官阶品级——门槛有多高，官就有多大。故居内外，留有冯子材的"请将坡""上马石""祭旗坛""系马树""习武场"等遗迹，有助于后世之人了解冯子材将军的英雄事迹和爱国精神。

● 图7-11 冯子材故居祠堂

## 2. 刘永福旧居

刘永福是著名的抗法爱国将领，在中法战争中，率领黑旗军抗击法国侵略者，先后取得罗池大捷、纸桥大捷等。刘永福故居名"三宣堂"，位于钦州市钦南区板桂街10号（古称下南关），建于清光绪十七年（1891年），是钦州市现存最宏伟、最完整的清代建筑群。

三宣堂占地面积22700多平方米，建筑面积5600多平方米，有大小厅房119间，用料考究，造型端庄而朴实，规模宏大，布局独特。三宣堂不像一般文人官邸那样精致讲究，既没有曲径通幽，也没有小桥回廊，却处处流露出武将的疏朗英豪。这座城堡式的府第，可攻可守，进退自如，据说是为了防备法国侵略者的侵袭和敌对势力加害而精心设计的。其防卫设施最具特色，整座建筑像一座巨大的碉堡，有炮楼，有围墙，头门至二门30多米的通道、二门与主座之间的开阔地带，均受到炮楼和楼房的火力控制。建筑群的四周有四座炮楼，从二门、厢房主座和炮楼的枪眼加起来可供160人同时对四周来进犯者进行隐蔽射击。刘永福住在主座中部，卧室顶楼都有活动楼门，如有意外，可迅速登楼指挥全局。包廊和祖厅都有夹墙可以暂避，也可以从秘密通道转移到户外安全地带。

三宣堂凸显了以刘永福英雄事迹为本体、爱国主义为核心的精神文化，清朝的建筑文化，相关诗词对联、工艺美术等岭南文化，具有很高的艺术价值。

### 3. 黄旭初故居

黄旭初，广西容县十里乡人，曾任旅长、师长、绥靖公署副主任，中将加上将衔。黄旭初故居有三处：一处位于玉林市容县，一处位于南宁市明德街53号（原公晏街），一处位于桂林市叠彩区龙珠路。

容县黄旭初故居，位于容县杨村镇东华村"山鸡山"下。黄旭初父人光，号寅生，晚清秀才，在一次考科考时结识一位江西赣州风水师刘福通，请其修建祖宅与卜造故居。黄旭初祖宅为二进"五井头"单横廊普通泥砖屋，后座中厅为"开口厅"，在子位开大门（大门和围墙现已拆除）。黄旭初任军长后回乡探亲，曾为故居亲笔作过对联，门额——将军第，楹联——祖父好自夸爻山爻水谁料草庐生关岳，儿孙行实践敢作敢为孰知秧地出咆哮。

南宁黄旭初故居位于南宁市明德街53号，西邻原邕宁电报局，占地面积约130平方米，建筑坐西朝东。该建筑平面呈长方形，砖木结构三层楼房，整高约10米，四坡屋面盖小青瓦，西南屋面上建有一方形硬山式砖木小阁楼。东、南、北面开有外走廊，方形砖砌廊柱，廊下作栏杆。该楼四周砌女儿墙以天沟排水。室内楼地面铺红阶砖，各层外墙设双开玻璃窗，其中在底层大厅的天面塑有浮雕图案。整栋建筑为"中式屋顶""西式墙身"的中西结合式建筑。2002年南宁市人民政府公布黄旭初故居为南宁市重点文物保护单位。

　　桂林黄旭初故居位于桂林市叠彩区龙珠路，为民国二十二年至民国三十八年（1933年至1949年）黄旭初在桂林的寓所。该建筑为砖木结构，中西合璧，共有两层，院内面积为1500平方米，建筑面积为235平方米，每层均有6间房。1987年被公布为桂林市文物保护单位。

　●● 图 7-12　民国名人故居（张中　手绘）

## 4. 白崇禧故居

白崇禧，字健生，广西桂林市临桂区会仙镇山尾村人，中华民国陆军一级上将，新桂系代表人物。白崇禧故居位于临桂区会仙镇山尾村，始建于1928年，1931年完工。

白崇禧故居由主体建筑和附院两部分组成，建筑坐西朝东，占地面积约1000平方米。主体建筑位于南侧，为一座两层楼高的中西混合式砖木结构建筑，两进三开间，面阔13.32米，进深28.8米，平面布局呈"回"字形，四面等高墙，不出檐，雨水聚拢于天井，设计上既秉承了汉文化"天人合一"的理念，又表达了"四水归堂、肥水不外流"之意，同时还将回族的民族文化元素融合在一起。附院居北侧，有拱形侧门与主体建筑相连，面宽20.5米，由磨房、厨房、马房及庭院等组成。由于年久失修，磨房已倒塌一半，马房、厨房于20世纪六七十年代被拆除。白崇禧故居为临桂现存不多的民国重要代表建筑之一，建筑风格独特，具有重要的历史、文化和艺术价值。

## 5. 李宗仁故居

李宗仁，字德邻，1891年生于广西桂林市临桂区，国民革命军陆军一级上将，中国国民党"桂系"首领，中华民国首任副总统、代总统。李宗仁故居，位于距桂林市约30千米的临桂区两江镇浪头村，是一座建于清朝末年的建筑，1996年被列为国家重点文物保护单位。

整座建筑为四合院式木结构，分为上下两层，有7个院落，12个天井，113间房，以及一个水面宽阔的后院鱼塘，总占地5060平方米，建筑面积4039平方米。宅院四周以清水高墙屏护，顶盖硬山式双坡青瓦头，墙头"金包铁"砌法，即内外青砌包泥砖。对角设置的两座炮楼，与围墙外侧高高在上的，饰有浮雕的一排窗户一道，体现出极具防御色彩的建筑功能。内院、学馆及三进客厅等四大院落，均为两层，全木结构，以重重券门相连。安东第和将军第两栋建筑是前扣两进三开间，一井两厢前后房，披厦后门香火壁，正中堂屋两侧门，楼井式神龛通屋顶；学馆是大五开间构架，大开井采光；三进客厅则是大式等尺寸的五开间，通廊回环，气势雄伟，均集中了桂北民居的特征。大门楼顶饰龙脊，楼下用花岗岩凿制巨大门框，门两侧边饰竹节。整座建筑既充满桂北民居色彩，又不失民国初年建筑风格。

## 6. 李济深故居

李济深，字任潮，广西苍梧人，黄埔军校副校长，原国民党高级将领。李济深故居位于梧州市苍梧县料神村。故居建于1925年，1997年被列为国家一级重点文物保护单位和自治区级的爱国主义教育基地。

李济深故居是庄园式砖木结构建筑，占地3400平方米。故居是青砖瓦房四合院式厢房和楼房，四周筑围墙和四角炮楼，院后有苍翠古铁力木林，风景幽雅。大门口嵌着一块大理石，上面刻着胡耀邦亲笔题写的"李济深故居"5个大字。二楼是李济深的卧室和会客室、电报室，大体仍保持着当年的摆设，四周回廊上西式栏杆别致，门窗上雕的花草图案，增添了古色古香的色彩。故居瓦面建有墩子式的人行道，与四角上的炮楼相通，是一座进可攻、退可守的建筑物。李济深故居深刻地反映了中西建筑艺术以及居室与炮楼的完美结合。

## 7. 韦云淞故居

韦云淞，广西容县松山镇人，曾任国民革命军陆军军长、集团军上将副总司令等职。韦云淞故居位于容县松山镇政府内，坐东向西，始建于1930年。

● 图 7-13 岭南民国西洋风格古建筑（张中 手绘）

韦云淞故居依山而建，绿树簇拥，为前后楼及左右横廊组成的庭院式中西结合建筑群。前楼是由门楼、平房、炮楼三位一体的布局，主体建筑为高两层的四阿顶楼房，后楼亦是一座二层四阿顶楼房，两边次间前面的墙体砌成半边六角形的形状，前后楼之间有一个院子，内种植有龙眼、米兰、含笑、夜合等名贵花草树木，整组建筑环境幽雅。

## 8. 夏威夏国璋故居

夏威与夏国璋为同胞兄弟，广西容县松山镇大中村人，兄弟二人一个是国民党的上将，一个是陆军中将。夏威夏国璋别墅由主楼和前后护楼组成。主楼为歇山顶砖木结构的三层楼房，侧看形似古代的一顶官轿。后座护楼与主楼之间，以一座别致的双拱廊桥相连；护楼两端各立着一座三层高的炮楼。整座建筑中西结合，精巧别致。

广西名人故居建筑具有结构合理、装饰豪华、环境幽雅等特点，特别是近代的名人故居建筑在中国特有的传统风格上融入了西方的建筑技巧，采用仿欧式一至二层砖木结构的楼房建筑，门前檐柱之间跨空，檐墙砌成一排优美的弧形拱门和雕饰线，曲直线条富于变化，有较强的立体感和艺术效果。针对南方雨水多、湿气重的特

● 图7-14 岭南名人故居——夏威故居（张中 手绘）

点，这些建筑在一楼的地基下都设有一定高度的地垄，起到防潮和通风透气的作用。主体建筑前侧修建典雅秀丽的庭院，种上各种名贵的果树、花木，使名人将军们在腥风血雨的战争之后找到一片宁静祥和之地。但是对于这些建筑而言，更为重要的是，这些建筑和这些名人的传奇故事是了解广西乃至我国建筑史、近现代史、经济史、宗教史等方面的重要物证材料，更是对青少年进行爱国、爱乡教育不可多得的文物教材，具有很高的历史价值和建筑艺术价值。

# 四、客家围屋，展时代记忆

相对于广西汉族的其他民系，客家人的居所大多地处封闭的山区，思乡情切的客家人因而更为注重礼制的传承，对祖先的崇拜比其他民系更为强烈，大部分的客家地区都将宗祠设于居住区域的核心。同时，沿承传统"耕读传家"思想的客家人十分重

● 图7-15　岭南客家良田镇阿公祠邱氏围屋（张中　手绘）

视教育，屋前的月池其实就象征着学宫大门前的半圆水池——泮池。月池、禾坪、大门、厅堂、祖堂以及穿插于其间的内院、天井等严谨地布置在建筑的中轴线上。

客家围屋的房门均朝正厅方向洞开，这反映了客家人强烈的凝聚力和向心力。墙体一般为自制的三合土，是用黄泥加进石灰，再掺以砂糖、鹅卵石、碎砖块、糯米、红酒、红糖、蛋清等搅拌，配方讲究。夯实后历经百年风雨，坚固如初；其设计与建造融科学性、实用性、观赏性于一体，显示出客家人的出色才华及高超技艺。

广西现存的客家传统民居主要是最为基本的堂横屋式，围龙屋式和围堡式围屋也有少量遗存。玉林的博白县和陆川县以及贺州八步区和柳州柳江、来宾武宣等地区是广西传统客家民居广泛分布的区域，在桂东汉族聚居地区，客家民居也常见于山区。

本书主要选取广西地区部分留存较好的客家围屋进行介绍，具体如下：

| 客家围屋 | 贺州客家围屋 | 贺州市莲塘镇仁冲村 |
|---|---|---|
| | 君子垌客家围屋 | 贵港市木格镇君子垌屯 |
| | 合浦客家围屋 | 北海市合浦县曲樟乡 |
| | 硃砂垌客家围屋 | 玉林市玉州区南江镇岭塘村 |

## 1. 贺州客家围屋

贺州客家围屋位于广西贺州市八步区莲塘镇仁冲村，建于清乾隆末年，距今已有200多年历史。围屋为客家人江家兄弟所建，所以又称江家围屋，也叫"大江屋"。

围屋占地面积2万多平方米，分南、北两座，相距300米，呈掎角之势。南座三横六纵，有厅堂8个，天井18处，厢房94间；北座四横六纵，有厅堂9个，天井18处，厢房132间。整座围屋建筑为方形对称结构，四周有3米高墙与外界相隔，屋宇、厅堂、房井布局合理，形成一体，厅与廊通，廊与房接，迂回折转，错落有致，上下相通，屋檐、回廊、屏风、梁、柱雕龙画凤，富丽堂皇，是典型的客家建筑文化艺术结晶，素有江南"紫禁城"之美称。

长夏瓜村风日永

距今已有二百年历史的智岁宅围的
围屋建于清乾隆末年占地面积三十多
亩围屋呈南北两座座有八厅十八井两房九十
四间枋豆对应呈崎岛之势全尽十八
井两第一百三十二间南三横六纵北四横
六纵犹犹迷宫整座屋檐为分形对称结构
晃统窗户之间互不设防又形穿凿体现了
客家人大家族的大一统文化屋宇厅堂
家设布局合理廷足四折转错家亭
围屋外三米高墙与外界枋错屋檐回郎
屏风梁柱墙雕细刻的花风百曾图案榜布
丰富的文化艺术结晶素乃江南紫禁城之类称

载州人张中撰并画
万花楼人许诚于桂真里轩

● 图 7-16 贺州客家围屋淮阳第（张中 手绘）

## 2. 君子垌客家围屋

在贵港市港南区木格镇云垌村君子垌屯，散落着19栋建于清代咸丰年间的客家围屋群建筑，这里是广西最大、保存最完整的经典客家围屋群。

君子垌客家围屋群的独特之处在于，每座围屋就像一座城，单座面积在2500平方米至4950平方米之间，方楼建筑严谨，左右对称，以宗祠为中心，分上厅下厅，中间为天井，两边为厢房，下厅前为晒谷场，晒谷场前为宅门，宅门两旁为栏脚屋，宅门外为半月形池塘。其建筑主题表现为向心、团结、坚强的精神。

围屋群由段心围、济昌城、茂华城、隆记城、祥合城、奎昌城、紫金城、火砖城、寿光城、茂隆城、元隆城、云龙围、桅杆城、畅记城、达记城、同记城、盈记城、显记城、谷坡城共19座（围）城组成，其中，又以段心围、黎杰材先生故居、桅杆城和云龙围最具客家特色。段心围坐落在君子峒上峒中段心腹地带，所以取名"段心围"。它是清朝附贡生邓逢元于1854年开始兴建的一座围屋。战乱时期，段心围是一座保护村民生命安全的坚固城堡。黎杰材先生故居用青砖青瓦砌成，方形四角四楼，大门前为半月形水塘，中间的祠堂和两侧的厢房都保留得很好，屋檐雕龙画凤，还有麒麟送子、飞禽奔马、竹木花草等精美图案。桅杆城之所以被称为"桅杆城"，是因为宣统年间客家人黎赓扬才学超人，考取拨贡，地方官府为了褒奖客家人的杰出表现，特拨出专款，在拨贡者所在的城座月牙池塘前筑建两条别的城所没有的桅杆。杆高13.3米，古代官员过此，文官须下轿，武官须下马，以示敬意。桅杆城属于粤桂常见的长形的四方城围城结构，具有四方城外部及内部结构变化多端的特点，分新城和旧城，祠堂分别采用"二进二横式""三进三横式"两种，是君子峒最为经典、建筑规模最恢宏、保存得最为完好、最有代表性的围城之一。

### 3. 合浦客家围屋

合浦客家围屋位于广西合浦县曲樟乡曲木村，始建于1883年，因其保存较为完好，现已成为中国客家文化和建筑的"活化石"。围屋由陈端甫创建，又称为"陈氏土围屋"。

陈氏土围屋由老城和新城两部分构成，老城建于清光绪八年（1883年）八月，新城建于光绪二十一年（1896年）。围屋内以宗祠为中心分布横竖民居、粮库，内设水井、厕所、晒坪等。

围屋总面积6000多平方米，土围屋老房子的木窗均是名贵酸枝木，素木本色，没有过多花俏的装饰，飞檐翘角，也没有精致的雕刻。处处透着清淡平实，虽经百年洗涤，仍古色古香。围墙高7.1米，厚达0.86米，是用石灰、黄泥、河沙、食用红糖夯打而成。围墙四周不开设窗户，只有密麻星点的枪炮眼口，枪炮眼布局十分科学合理。城垣的四大转角处及城门上面都设有碉楼，碉楼高出土围屋一层，堡体落地，内墙半腰设有骑马道，将整座城墙四角炮楼及门楼紧密连接起来。门是整个土围屋的安危所在，设有板门、便门、栅栏门等三道五层式的连环防卫门。

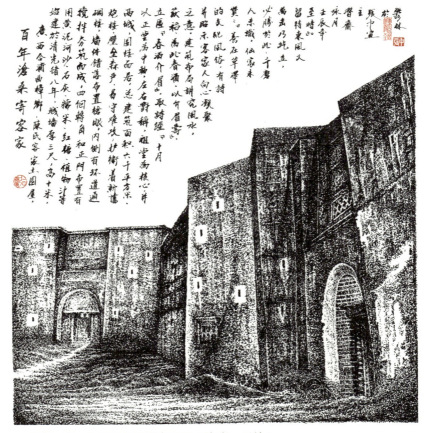

百年沧桑寄客家

始建于清光绪八年，城墙厚三尺，高十米，以黄泥河沙、石灰、糯米、红糖、植物汁等搅拌分苑而成，四个转角和正门布置有碉楼。墙体错落布置枪眼，内侧有环道通之意。建筑布局左右对称，祖堂为核心，半昭示客家人之凝聚力。以正堂为中轴，左右对称，立匾"春酒介眉"，取时经"十月西城，固椽而居。志建筑面积六千平方米，炮楼耸立森严，易守难攻，护衡着新建的美化风俗，有诗人来职。仙家未赏。为善在草泽，当武乃此立，火胜於此于磨。主之时出。留待东风久，承月至时出，张中直，督厝，於珠砂

● 图 7–17　合浦县曲樟客家围屋（张中　手绘）

## 4. 硃砂峒客家围屋

硃砂峒客家围屋位于广西玉林市玉州区南江镇岭塘村，是一种聚族而居，具有防御性质的城堡式组群客家民居建筑，围屋距今已有200多年的历史，居住在围屋的黄氏客家居民是清乾隆年间从广东梅县搬迁至此的。

硃砂峒客家围屋坐东向西，背靠山坡，依势而建，大门前有一块禾坪和半月形的池塘，禾坪用于晒谷、乘凉和其他活动，池塘具有蓄水、养鱼、防贼、防火、防旱等作用。整个围屋占地15000多平方米，是以祠堂为中心两侧对称的纵向四排建筑，围屋的围墙高6米，厚0.7米，呈马蹄状环绕整个村落，墙体上遍布枪眼，围墙上设有可作瞭望、射击用的炮楼，其防御功能不言自明。硃砂峒客家围屋整体设计布局合理，讲究人文山水的和谐相融，张扬着中原文化的气韵，它是玉林乃至广西现存的典型客家民居。

龙蹲虎卧一草庐

宋砂垌客家围屋是广西现存规模最大的客家古民居，位于玉林市茂塘岭，距今已有三百余年历史，是黄氏祖先迁居玉林后在乾隆十年兴建的。整座围屋坐东向西，祠堂前有半月鱼风水塘，背靠山岗，四周挖有防御性壕沟，左青龙右白虎，枕山而水，风水极佳。整座围屋占地一万五千平方米，以宗祠为中心，按客家典型的九厅十八井格局建造，能够居住二十八人，内部设计有完善的排水系统，古井、石板巷、村寨门与小氛围设计，防御严密，所有墙体全部同灰砂土夯墙建造，本属令规，讲究天然，合二极其岭南建筑特色，尤其内部大井构造与客厅、虎廊、厢房组成一个天然的通风透气对流体系统，是玉林市重点文物保护单位，是研究客家文化历史的重要唐代建筑。

张中画于甲午年春

● 图7-18　玉林市硃砂垌客家围屋九厅十八井（张中　手绘）

# 萬戶千門入畫圖

朱砂垌客家圍屋位於廣西玉林市南江鎮嶺務塘嶺，是黃氏祖先在清乾隆十年從廣東梅縣遷居於此，圍屋坐東向西，背靠山坡，依勢而造，大門前挖有壕溝，牛月風水塘，曬禾地坪。

從谷哥地圖查看整個圍屋就像一把圈椅枕山面水。前有筆架案山，左青龍，右白虎。牛月塘四出的沖塘明堂趟虎，安祥。整個圍屋占地一萬五千平方米，布局以祠堂為中心。兩側對稱安排數幢連排房屋，每兩排又用小通分隔。每一個組合單元通過大小天井，文樓成若干個四合院。是客家民居中典型的九井十八廳建築。布局深受儒家文化影響。外圍坪高六米，厚零點七米，通而構造。全部閉式砂土命建造。布局合理講究槍孔，設有九個炮樓防御村寨門為小瓮城。

人文和山水和諧相融。既有中原厚重底蘊，又像有嶺南砂地方特色。天人合一。是廣西現存規模最大最完整的客家圍屋，是玉林市重點文物保護單位，對了解廣西客家文化和歷史建築其有非常重要的活標本研究價值，有詩贊其：

而今被卻天公開，代有賢才識風茬。田里錦繡客家屋，敷葉迎風客有群。歲住癸巳十月金秋支卿潛齋主張中東興畫於鬱林古邦

● 图 7-19　玉林市硃砂垌客家围屋（张中　手绘）

# 五、古老书院，闻经史育人

　　书院是一种特殊的建筑组群，具有独特的人居文化思想。广西虽地处祖国边陲，文化不及中原发达，但一些守土官吏、被贬流谪者及名儒乡绅在当时的社会环境下，也仿中原及邻省兴办书院。据查，广西有书院始于南宋绍兴年间，至清末随废科举兴学堂而湮灭，历时约800年，部分书院闻名于世、留存至今。

●● 图 7-20 岭南古书院——陆川县三峰书院（张中 手绘）

本书主要选取广西地区部分留存较好的古老书院进行介绍，具体如下：

| | | |
|---|---|---|
| 书院 | 新会书院 | 南宁市解放路 42 号 |
| | 海门书院 | 北海市合浦县廉州镇西门江边海角亭旁 |
| | 大朗书院 | 钦州市浦北县小江镇平马村 |
| | 扶阳书院 | 玉林市北流白马镇 |

## 1. 新会书院

新会书院位于南宁市解放路 42 号，坐北朝南，为广东新会县人士集资兴建，始建于清乾隆初年，重修于道光二十三年（1843 年）。新会书院是南宁市迄今保存最完整、规模最大的清代会馆建筑，是清代南宁商贸频繁、商业兴旺的历史见证。1981年公布为南宁市文物保护单位，2000 年公布为广西壮族自治区文物保护单位。

新会书院为抬梁式硬山顶砖木结构，分前、中、后三殿。殿面通宽 14.2 米，总进深 55.2 米，通高 9 米，面积 800 多平方米。现存的新会书院为三进两廊，进与进之间以天井分隔，后天井两侧设有廊。墙面下部由长达 4 米多的花岗条石砌成，上面是青砖清水墙。各进正脊为以琉璃花鸟、人物喜剧故事雕刻的装饰图案。3 个大殿的每根桁条上都有极具观赏价值的斗拱，前檐的斗拱木雕，不管是花卉图案还是人物故事，都精雕细琢。

书院里的立柱别具特色。其立柱有两种类型：一种是木石混合型，一种是纯石型。不仅是因为增加其美观，也是由于南宁多雨，必须防潮。天井四围靠近檐口的柱子，通条都用花岗岩石柱，这些质地细腻、坚硬的石柱，比木柱更经得起风吹雨打、日晒和灾难的磨炼。

新会书院精致的屋顶装饰是整座建筑的亮点之一。书院采用硬山式屋顶，屋顶在山墙两头不出挑屋檐，可以防止狂风的袭卷。明朗淡雅的翠绿琉璃瓦片能使建筑物减少重量感，从而使建筑外貌显得更为轻巧。

书院内的雕刻技艺非常精湛。中国古典建筑的雕刻技法得到了淋漓尽致的发挥，会馆房檐、斗拱、屋脊、庭廊之间的朱漆屏风，山水风景、人物典故、妙趣字刻都精雕细琢，立体而生动。大到中殿横梁，小到人物的眉毛发髻，都栩栩如生，惟妙惟肖。

## 2. 海门书院

海门书院位于广西北海市合浦县廉州镇西门江边海角亭旁，其前身是明朝嘉靖元年（1522年）创办的"还珠书院"，后又称"海天书院"。海门书院是合浦县廉州镇现存最老的书院。

海门书院于清康熙四十五年（1706年）由廉州府知府施世骥建于府城外西南砥柱矶，康熙五十九年（1720年）知府徐成栋增建，置有学田。乾隆十六年（1751年）知府杨枝华把仅有院租充公，于是书院废止。乾隆十八年（1753年）知府周硕勋改建，名"海门"，合浦知县廖佑龄前后拨上下乡南山等处田租作童生伙食费，拨冠头岭网地箔地租为掌教薪水银。此后，又先后经过嘉庆、道光、光绪年间的多次重修、改建、扩建，加建漾江轩、浮碧榭亭、凝碧轩、奎文阁、讲堂及后座，增建两廊房舍，左右各9间，头门3间。左厨房、右小房各1间，前楼讲堂，堂下左右学舍各3间。建券棚下左、右学舍各3间，3间券棚接奎文阁，阁左、右厨房各1间，阁下右学舍3间，下建登龙场，外为头门3间，门外环短墙。海门书院建成后一直是廉州府的"重点学校"。光绪三十一年（1905年），中国科举制度结束，海门书院改为廉州中学堂。

## 3. 大朗书院

大朗书院位于广西钦州市浦北县小江镇平马村，基本保存完好。大朗书院始建于清光绪二十五年（1899年），由当地开明乡绅宋安甲先生创建。

书院占地面积约5160平方米，建筑面积1800平方米，坐北向南，三进两厢，砖、瓦、石、木结构，头中座之间有小花园，中、后座之间为庭院，拥有大小教室和教师住房等16间，教室、住房之间有走廊相连，4个天井把三进两厢的建筑分隔开来。大门上方有长2.5米、宽0.9米的长方形花岗岩石板牌匾，上刻"大朗书院"四个大字。书院通过客家人与原住民的文化交融，把中原建筑文化的线条和岭南古越文化的古朴定格在这座百年建筑上，给人以简练、清新的感觉。

●○ 图 7-21 岭南古书院——紫泉书院（张中 手绘）

## 4. 扶阳书院

扶阳书院地处距广西北流市城区60多千米的白马镇，始建于清光绪九年（1883年），为邑贤谢景升、李仁成、梁观光等倡建。

整个书院为岭南特色三进合院式建筑布局，院屋三座，头座七开间，左右重廊，并专设藏书楼一座，四周筑墙合围。扶阳书院建筑艺术较高，屋顶翘角飞檐，脊饰华丽，院内墙头、檐下和屏风门有手绘壁画状元及第、龙吐玉书等三十余幅，均为明理求学、习读向仕、修身养德等内容。古书院正门、门额和门联均为大理石石刻。门额上书"扶阳书院"四字，左右门联为嵌名联："扶舆钟淑气，阳德启文明。"对仗自然、工整，平仄合律，含义深远，为北流市不多见的古迹名联，何人所撰，无从考究。门额和门联皆是正楷书法字体，落笔遒劲有力，古朴浑厚，可惜亦不知出自何人之手笔。

● 图7-22 北流市扶阳书院（张中 手绘）

# 六、骑楼老街，叹似水流年

　　多民族聚居而且地形地貌千差万别的广西，各种建筑样式和风格丰富多彩，各显其美，而历史悠久、饱经沧桑的骑楼建筑无疑是广西最具文化魅力和岭南风情的建筑景观之一。

　　骑楼是一种外来的建筑形式，它的发源地并不是岭南。但它到底源于何处，又于何时传入岭南，历来有不同的说法。一种说法是，骑楼建筑的雏形最早出现于地中海一带，是一种带有外走廊的建筑，清末鸦片战争后，这种建筑形式随着洋人的到来而传入岭南沿海地区，后与中国传统的飘檐式建筑相结合，逐渐演变为通透式的骑楼。另一种说法是，骑楼最早起源于印度贝尼亚普库 (Beniapukur) 的一种叫"廊房"的建筑，是由英国人设计建造的。这种建筑形式于清朝传入岭南后，被改造成拱廊式的骑楼。不管来源于何处，骑楼都是为适应炎热、多雨、潮湿的气候特点而设计建造的。

骑楼原为居住而建，后增加了商业的用途。楼房一般为三四层，楼上是居所或货栈，底层则是用作经商的店铺。店铺临街的一面是敞开式的廊道，远远看上去，支撑楼房的两排柱子，像人的两条腿"骑"在人行道上，故称"骑楼"。骑楼的廊道既可遮阳挡雨，便于行人往来，又可为商铺营造宽敞舒适的环境，是极为人性化的建筑设计。

骑楼的装饰也极具特色，是一种中西合璧的装饰艺术。中国传统的屋顶、飞檐和图案，欧洲古典的浮雕、罗马柱和拱形窗等，完美地融合在一起。独特的建筑语言和亦中亦西的装饰艺术，诠释和创造了骑楼建筑深厚的文化意蕴和迷人的艺术魅力。

本书主要选取了广西地区部分留存较好的骑楼街进行介绍，具体如下：

| | | |
|---|---|---|
| 骑楼街 | 梧州骑楼街 | 梧州市河东老城区 |
| | 北海老街 | 北海市区中山路和珠海路 |
| | 南宁步行街 | 南宁市解放路、中山路、兴宁路步行街 |
| | 玉林十字街 | 玉林市城区解放路、玉州路 |

## 1. 梧州骑楼街

梧州现保存有骑楼街道22条，总长达7000米，是中国连片面积最大的骑楼建筑群，被誉为"中国骑楼博物馆"。最长街道达2530米，骑楼建筑560栋，规模之大、数量之多，国内罕见。骑楼建筑主要分布在大东上路、大东下路、沙街、大南路、小南路、四坊路、五坊路、九坊路、南环路、大中路、桂林路、桂北路、北环路、民主路、建设路、中山路等街道上。

　　梧州的骑楼建筑主要是前铺后宅、下铺上宅、住商合一。楼下是人行交通通道，骑楼建筑柱廊外侧是车辆交通通道。一般采用钢筋混凝土结构，柱间距一般为3米—5米。顶饰、阳台、柱头等形式各异，或庄重大方，或精巧别致，或典雅高贵。浮雕、罗马柱、圆拱形窗，融合了中国传统风格和欧洲古典建筑风格。从梧州骑楼的外观上，可以看到当时许多有代表性的中国建筑语言，如花窗、砖雕、牌坊等，都十分精致，其功能和艺术达到了相当高的水平。

●● 图7-23　朱光故居（张中　手绘）

　　梧州骑楼还有两处与众不同的设计：铁环和水门。梧州地处三江汇合的水口，过去几乎每年都要遭受洪水之害，骑楼的底层往往被暴涨的洪水淹没，因此，骑楼的廊柱上都安装有一高一低两个铁环，洪水涌上来时，就把小船或竹筏拴在铁环上，防止被洪水冲走。二楼临街一面设有水门。洪水淹没一楼后，就从水门乘小船或竹筏出入；或者从水门放一吊篮，向沿街巡游的售货小艇购买日常用品。这是梧州人早就习以为常的一种特殊时期的生活方式，也是一种适应恶劣的自然环境而"逼"出来的生存智慧。如今，经过长期坚持不懈的城市防洪工程建设，梧州已能抵御百年一遇的洪水灾害，骑楼上的铁环和水门，也渐渐失去了以往的实用性功能，成为一种历史的记忆和独特的建筑符号。

## 2. 北海老街

北海老街——广西北海市珠海路是一条有近200年历史的老街，始建于1821年，初建时称为升平街，只有200米长，4米宽。随着各历史时期的不断发展，现已成为长1440米，宽9米，沿街全是中西合璧骑楼式建筑的商业街。

🔴 图7-24　巴洛克风格岭南古建筑（张中　手绘）

北海老街的建筑大多为二至三层，主要受19世纪末英、法、德等国在北海建造的领事馆等西方券柱式建筑的影响，临街两边墙面的窗顶多为券拱结构，券拱外沿及窗柱顶端都有雕饰线，线条流畅、工艺精美。临街墙面部不同式样的装饰和浮雕形成了南北两组空中雕塑长廊。这些建筑临街的骑楼部分，既是道路向两侧的扩展又是铺面向外部的延伸，人们行走在骑楼下，既可遮风挡雨又可躲避烈日。骑楼的方形柱子粗实厚重，颇有古罗马建筑的风格。老街的建筑有自己的地域特色，又吸收了岭南建筑的特点，还吸取了西方建筑的一些艺术风格——前店后居的建筑格局、中顶铺、拖笼门、西式女儿墙装饰。

### 3. 南宁步行街

骑楼20世纪初开始传入广西南宁市，并逐渐兴盛。在南宁骑楼最兴盛的时期，骑楼的建筑风格和方式丰富多彩。有的骑楼采用多重瓦檐，使用青色琉璃筒瓦，四角翘起；有的骑楼是木结构，四角立木柱，一通到顶，四面通透，外加清水墙盖小青瓦，显示出中国传统建筑的古朴。

解放路、中山路、兴宁路步行街，都是南宁骑楼的典型代表。据《南宁市志》记载，1915年，南宁市场拓展到城内的沙街（今解放路）、新西街（今兴宁路），市场开设各行业，如纱布批发、五金器材、染料、南北杂货、加工熟烟丝等。而原名仓西门大街的民生路西段，在清朝至民国，是南宁最繁华热闹的一条商业街。兴宁路原为清代的考棚街和城隍庙街，1929年改造扩建后取现在街名，1951年政府将新西街纳入兴宁路，全长490米，街宽9米，两侧骑楼沿街立面具有"南洋"建筑风格。民生路西段原名仓西门大街，在这条街上有旧中国三大银行的分支机构，有官商合办或私营的各种银号，有近十家的金银首饰店，大大小小的百货店有数十间，其他还有绸布店、书店、文具店等。此外，还有著名的邕南旅馆、老牌的大南戏院等。

### 4. 玉林十字街

广西玉林市的骑楼街主要是玉林十字街。据传，骑楼在玉林始见于南街一带商铺，盛极一时的福绵船埠的各路货物从南街入城，也最先繁华了南街。后来，城内十字街等主要街道纷纷效仿，骑楼也就越建越多。街上左邻右舍都建起骑楼后，它们相互连接，人行道便成为一条公用的长廊。至于楼层的装饰，也不拘一格，或作哥特式、罗马式，或融入我国传统图案元素。

玉林骑楼大都有两三层高，最高一般不过五层，一栋挨着一栋，邻里或共用一

堵墙。骑楼街整体颜色一般有米色、乳白、嫩黄等，显得典雅端庄。骑楼立面顶端部分的"女儿墙"，多为横向三段对称式，组成一条条波浪般起伏的天际线。此外，窗楣、柱子、栏杆、雕饰等也都体现了独特的风韵，在南洋风格中融入了欧洲建筑元素。

● 图7-25　玉林市十字街（张中　手绘）

第八章

人杰地灵——岭南传奇故事

# 一、秦汉雄风——和揖百越

秦始皇统一六国后，开始两项重要军事活动，一是派大将蒙恬率领三十万精锐部队北击匈奴，二是派大将王翦的裨将屠睢率军民五十万，兵分五路，开拓岭南，并于公元前214年设置桂林郡、南海郡、象郡三郡。这是广西最早纳入统一的中央王朝版图，开创了岭南的新纪元。

秦人初入岭南并不顺利。由于粮食、工具、装备和马匹都要从中原运来，辎重运输成了最大的问题。而在古代，最便捷的运输方式是水运。于是，秦始皇派兵首先修建了湘江和西江之间的灵渠。灵渠一通，长江流域与西江流域相通，解决了水路运输问题，为平定岭南、开发岭南打下了坚实的基础。

陈胜、吴广起义后，天下纷争。秦王朝在项羽、刘邦等各路义军的打击下迅速灭亡。当时作为秦朝"东南一尉"的任嚣采取了隔岸观火的策略。任嚣死后，赵佗接任南海尉，派兵封锁了五岭关隘，不参与中原地区的纷争，开始了岭南独立自治的道路。

同时，赵佗对内实行了有利于岭南发展的"和揖百越"的民族政策，一方面，他仿效秦制，在岭南建立一个中央集权、郡县分治的封建王国，但又不仿效秦王朝那样滥施暴政，而是有效地保护中原移民的政治、经济和文化传统，引进中原的先进技术，促进岭南生产力的发展；另一方面，他又提倡汉越杂处，尊重越人的风俗，任用越人的首领为国中重臣。南越王赵佗的治理颇有成效，使原来比较落后的南越逐渐强大起来。这位历史上第一位南天王曾得意洋洋地说："老夫身定百邑之地，东西南北数千里，带甲百万有余。"虽然是夸大海口，但亦反映出南越王国当时确实具有一定的实力。赵佗成了古代岭南历史上叱咤风云的第一人，其在位六十七年，将南越王国带至鼎盛，接下来的几位王皆不如赵佗，南越王国也日趋衰弱，最终在汉武帝的五路大军夹攻之下灭亡。

# 二、天南杰构——真武阁

　　真武阁坐落在广西容县城东绣江北岸一座石台上，阁本身高13米，加上台高近20米，登阁远望，隔着南岸广阔的平原，只见东南山岭巍然矗立，气势雄壮。真武阁建于明万历元年（1573年），因地处边陲，远离政治文化中心，真武阁在流传下来

图8-1　中国四大名阁——容县真武阁（张中　手绘）

的史书中鲜有记载。1962年5月，梁思成教授在清华大学作"广西容县真武阁的'杠杆结构'"的专题报告，引起了社会的广泛关注。1982年3月，真武阁被国务院公布为全国重点文物保护单位。

真武阁与湖南岳阳楼、湖北黄鹤楼、江西滕王阁合称为中国古代江南四大名楼，1573年建成，至今已440多年。其间，经历了5次地震，4次13级台风，仍安然无恙，是四大名楼中唯一没有进行过重修而完整保留至今的一座。全楼高三层，全部用当地盛产的格木修建。

真武阁中原来供奉着真武帝，传说真武帝是为镇火祛灾的北方水神，故人们也称之为财神，是能给八方民众带来兴旺与福祉的神明。容县老百姓建阁虔诚供奉北方水神，体现了民间朴素的顺天助人、以水克火的道法自然观。

真武阁有三大特色：地基既没有坚硬的石头，也没有牢固的钢筋水泥，而全是在砖墙内填上夯实的河砂，经略台、真武阁建在砂堆上而不倒；全楼阁不用一颗钉子，全部是传统的木隼结构；阁楼二层有四根大柱子承受上层楼板、梁、柱和屋瓦的千钧重量，柱脚却悬空不落地。其结构之奇巧，举世无双，被誉为"天南杰构""天南奇观"。

# 三、苏翁遗韵——东坡亭

东坡亭位于南珠故乡广西合浦，是一座典雅别致的亭阁式建筑。亭阁由内外两大部分组成，中间是主亭，四周是回廊。回廊类似于骑楼的走廊，可以遮阳挡雨，是为适应南方炎热多雨的气候而设计的。主亭正门上方悬挂着"东坡亭"匾额，是20世纪40年代广州大榕寺主持铁禅和尚所书。亭内正面墙壁上，有一幅苏东坡的阴纹石刻像，像中的苏东坡仙风道骨，睿智机敏，当年的豪放之气隐然可见。石刻像的上方，刻有"仙吏遗踪"四个古朴浑厚的大字。回廊上镶嵌着苏东坡和其他诗人的众多诗文碑刻，书体有楷、草、隶、篆等，俨然一座书法碑林。

苏东坡为官期间，因政见不同屡屡被贬，几经沉浮。曾官至礼部尚书，但晚年再次遭到贬谪，并被流放到遥远的儋州（今海南岛）。他从儋州获赦北归途中路过合浦。到达合浦廉州时，受到太守张左藏和名士邓拟等人的热情欢迎与款待。邓拟邀请苏东坡入住自己的园林别墅清乐轩。苏东坡在合浦逗留期间，度过了一段心情舒畅、轻松自由的时光。在这里，他留下了许多脍炙人口的诗文，如《廉州龙眼味殊绝可敌荔枝》《谢晦夫惠接用琴枕》《留别康州张左藏》《记合浦老人语》等。

苏东坡在合浦居留的时间虽只有短短的两个多月，但开启了合浦重教兴文之风，给后世留下了深远的影响。为了纪念这位文学大师，合浦人在他居住过的清乐轩故址修建了东坡亭。东坡亭建成后，在岁月的长河中曾六次被毁，又六次重建，由此也可见合浦人对苏东坡的敬重与热爱。在合浦人的心目中，东坡亭已不仅仅是一座纪念性建筑，而是一段悠远的历史记忆，一个内涵丰富的文化符号，一座象征着人文精神永生不灭的心灵灯塔！

●● 图 8-2　岭南名亭——合浦县东坡亭（张中　手绘）

# 四、海神妈祖——天后宫

　　妈祖是流传于中国沿海地区的汉族民间信仰。妈祖又称天妃、天后、天上圣母、娘妈，是历代船工、海员、旅客、商人和渔民共同信奉的神祇。古代在海上航行经常受到风浪的袭击而船沉人亡，船员的安全成为航海者担心的主要问题，他们把希望寄托于神灵的保佑。妈祖是莆田望族九牧林氏后裔，一生在大海中救急扶危，在惊涛骇浪中拯救过许多渔舟商船；她立志不嫁，慈悲为怀，专以行善济世为己任。从宋至清，几个朝代都对妈祖多次褒封，封号从"夫人""天妃""天后"到"天上圣母"，并列入国家祀典。

　　● 图8-3　妈祖庙（张中　手绘）

　　妈祖文化肇于宋、成于元、兴于明、盛于清、繁荣于近现代，妈祖文化体现了汉族海洋文化的一种特质。据《世界妈祖庙大全》统计，目前全世界有妈祖庙近

5000座，遍布20多个国家与地区，信奉者近2亿人。妈祖信仰在形成和传播的过程中，由原来的海神不断发展，最后成为具有护海之神、漕运之神、祈雨之神、生育之神、驱疫之神、战神等多重身份的神灵，在清朝更是被广泛信奉。

广西的天后宫主要集中在南流江南北通道一带。清朝广西的天后宫共有62处，大多分布在桂东地区，即桂林府、平乐府、梧州府、郁林直隶州、浔州府、柳州府、廉州府等地，共51处，占天后宫总数的82%。

天后宫集中分布在南流江南北通道，主要原因有三个：一是南流江南北通道本身的存在为人流、物流、文化流提供条件。二是沿着南流江南北通道而来的东南沿海商人，把他们崇拜的神传播到当地，主要是通过商帮会馆的途径和商业力量来推动。三是南流江南北通道的人们具有海洋意识，否则他们也不感兴趣。

# 五、将军百战——容县将军故居

民国时期，容县籍的军政要员比较多，有所谓"奉化第一，容县第二"之说。据统计，容县在民国时期共有将军92人，其中，上将8人，中将17人，少将67人；军长13人，师长23人；省主席5人，厅长17人。在抗战期间，他们率领部队浴血奋战抗击日本侵略者，从长城抗战、淞沪会战、南京保卫战、徐州会战、武汉保卫战、长沙会战到桂南会战、桂柳会战，大大小小的战役，都留下了他们可泣可敬的身影。他们传奇和颇有特色的故居、别墅构成具有特色的容县近代建筑群。将军们在世时，在家乡均建有显赫的居所。现保存较为完好的建筑有11座，如黄绍竑故居、黄旭初故居、罗奇故居、苏祖馨故居、韦云淞故居、夏威夏国璋故居、马晓军故居等。

● 图8-4 林虎将军、廖磊将军（张中 手绘）

　　黄绍竑，广西容县黎村镇人，民国著名爱国将领，新桂系创建人，桂系三巨头之一。黄绍竑容县别墅又称为"万山松房"，是一座长方形的砖混三层水泥洋楼，分前门和主体建筑两部分，前门和主体建筑之间故意留空，使得别墅宽敞、明亮。别墅的建筑风格庄重大方，优雅别致，既有西方近代洋楼之洋气，又有中国南方建筑之简朴。

● 图8-5 容县黄绍竑将军故居（张中 手绘）

　　罗奇，广西容县黎村镇人，曾任师长、军长、陆军副总司令等职。罗奇别墅，又称乔园，为砖木结构的2层洋楼，墙体是青砖到顶，小青瓦、灰沙筑脊。所有窗头均用灰塑成拱头形状，青白相间，色调素雅明净，充满了西式建筑元素。

　　马晓军，广西容县松山镇人，陆军中将，曾任国民革命军总司令部高级参谋、立法院立法委员等职。马晓军别墅为一座四方城池。墙头修圆柱雕栏，颇有哥特式风格。进入大门，依然是中国式的三叠进布局。庄园前后左右设有碉楼，枪眼密布。民国时期，该园走出了四位将军，除了马晓军外，还出有马展鸿、马振鸿、马翔鸿三位将军。一门四将，在全国也是少有。

　　苏祖馨，广西容县杨梅镇人，国民革命军陆军中将。苏祖馨别墅是一栋砖木结构硬山顶的两层洋楼。别墅平面呈"凹"字形，建筑用一条走廊分为前后两部分，二楼走廊砌有拱门形状，走廊栏杆用宝蓝色的琉璃饰件装饰，独具创意。

　　容县将军故居群建筑风格独特，比较全面地反映了我国民国将军的产生、新桂系的形成、国民党统治兴衰的历史，具有重要的历史和文化价值。

●● 图 8-6　民国西洋式风格岭南建筑（张中　手绘）

# 六、葛仙炼丹——勾漏洞

　　葛洪（282—363年），字稚川，是道教发展史上的重要人物，著《抱朴子·内篇》，创立了道教的丹鼎派。东晋成帝咸和（326—334年）初，葛洪来到岭南。《晋书·葛洪传》记载："以年老，欲炼丹以祈遐寿，闻交趾出丹，求为勾漏令。"经说服后，成帝许之。然而，关于葛洪活动的记载，到他前往罗浮山就没有了。但明朝编纂的《宁西葛氏家乘》，在《序》和《世纪》都记载："为晋勾漏令。"而且历代《北流县志》均有葛洪于东晋成康年间曾南迁出任勾漏县令及在勾漏洞炼丹修书数载的记载，《北流县志》乾隆、嘉庆版本还载有葛洪的传说，《北流县志·官师志》县职栏下，晋代县令便有葛洪的名字。《北流县志》还载有：葛洪到任勾漏县令，即实行薄赋减刑，宽徭息讼，不到两个月"治得一清如水，政通人和"，正是"民无冻馁，官有余闲"。"在勾漏洞作令，已满三载，因而解了印绶于上司，竟告病谢事而去。"他在任三年，经常在勾漏洞内炼丹修道，还为民察患除疾，深受勾漏民众的信任和爱戴。后人为纪念葛洪，在勾漏洞前修建了葛仙祠（葛洪寺）、碧虚亭，在洞内至今仍祀奉有葛洪的全身泥塑像。在勾漏洞内的宝圭洞仍保留有葛洪炼丹遗址，灵宝观南有葛洪井，也称圣水井，相传是葛洪洗药处。葛洪在勾漏洞内炼丹，也常到都峤山栖息。

　　北流勾漏洞和容县都峤山都是中国道教的著名洞天。北宋道教理论家张君房奉宋真宗之命，编辑自汉到北宋道教资料《大宋天宫宝藏》后，又从中择编出《云笈七签》，根据各洞天的影响力对道家三十六小洞天进行排序，把都峤山列为第二十洞天，把勾漏洞列为第二十二洞天。

洞天勾漏自天成

广西勾漏洞位於北流市城东五公里处，它是中国道教三十六洞天中的"廿二洞天"。葛洪在此炼丹著书，徐霞客曾到此，写下游记二千字。岩洞长一千五百米，"勾、曲、穿、漏"，因此得名。"勾漏洞"有历代摩崖石刻一百二十多处，其中南宋李纲留下："只恐山灵嫌俗驾，未容归客卧烟霞"。郭沫若夫人于立群亲题"勾漏胜景"。门联："勾漏四洞迎新客，漏曲三更待故人"。李雁亦喜，郭沫若更题悬诗词："魏晋隐豪来负载，电光射透坑龙寒。风景争衡险桂城，不为斗砂鱼作舍，朝除纸虎愿桃征。芳华闻道势红装，绿满群山乐稠耕。"

癸巳年全秋
张中盥於鹭林

● 图8-7　北流市勾漏洞大门（张中　手绘）

# 七、生度鬼门——鬼门关

《辞海》关于"鬼门关"条目：鬼门关，古关名。在今广西北流市西。位于北流、玉林两县间，双峰对峙，中成关门。古代通往钦、廉、雷、琼和交趾的交通冲要，因"其南尤多瘴疠，去者罕得生还"，故名"鬼门关"。

●● 图8-8 广西名关——天门关（鬼门关）（张中 手绘）

鬼门关在历代中有各种名称。《旧唐书》和南宋王象云所著的《舆地纪胜》等都说鬼门关原称"桂门关"。元代的廉访使月鲁，曾将它改名为"魁星关"，明宣德中改名"天门关"，于是在关崖上刻有楷书"天门关"三大字和一首小诗。诗曰："行行万里度天关，天涯遥看海上山，剪棘摩崖寻旧刻，依然便拟北流还。"后又曾改为"泗明关""归明关"。

鬼门关作为南北交通要冲，见证了历史的更迭前进。秦朝五路大军进攻南越国，其中由越佗、屠睢率领的一路秦军，经过时进行了拓宽。东汉伏波将军马援于建武十七年（公元41年）率兵两万余人征林邑，经过此关曾立碑。有唐代诗人温庭筠赞马援诗为证："汉令班南海，蛮兵避玉林，天崖柱分界，傲外贡输金，坐失奸臣意，谁明报国心，一棺忠勇骨，漂泊章烟涂。"

● 图8-9　明代旅行家徐霞客（张中　手绘）

　　唐代诗人沈佺期，宋代大文学家、诗人苏东坡，被贬岭南和得赦归朝，都经过此关并留下诗作。明代地理学家徐霞客，于崇祯十年（1637年）由陆川经塘岸至北流考察，在《徐霞客游记》中记下鬼门关，但又在《粤西游日记》记下没有经过鬼门关的遗恨。

　　唐代诗人沈佺期（字云卿）被贬过此写《入鬼门关》一诗："昔传章江路，今到鬼门关。土地无人老，流移几客还。自从别京路，颓鬓与衰颜。夕宿含沙里，晨行同路间，马危千仞谷，舟行万重湾。问我投何地，西南尽百蛮。"

　　宋代大文学家、诗人苏东坡，被贬岭南和得赦归朝，经过此关，并作《次韵王玉林》一诗："晚途流落不堪言，海上春泥手自翻；汉使节空馀皓首，故侯瓜在有颓垣。平生多难非天意，此去残年尽主恩；误辱使君相拄拭，宁闻老鹤更乘轩。"

　　明代徐霞客在《粤西游日记》中写道："北流县西十里为鬼门关，东十里为勾漏山，二石山分支耸秀，东西对列，而鬼门颠崖遂谷，双峰夹立，路过其中，胜与勾漏实相伯仲。予自横林北望即奇之，不知为鬼门也，至县始悟已从东南越入之过，以不及经其下为恨。"

# 八、海上丝路——南流江

　　灵渠的开凿，使南流江南北通道形成，并进入帝王的治国方略。秦始皇吞并岭南，为了解决秦军转运粮饷问题，"以卒凿渠而运粮道，以与越人战"，在广西兴安县的湘水与漓水间开凿了一条灵渠，沟通了长江与珠江水系的交通，也沟通了合浦地区与中原的联系。由于当时南流江与北流江分水坳——桂（鬼）门关地势很低，由北流江经小段陆路可进入南流江，再经合浦港出海可通交趾。

　　南流江南北通道被汉武帝开辟南海丝绸之路所利用。《汉书·地理志》记载了汉武帝的船队从徐闻、合浦出海西南航至已程不国（斯里兰卡）以远，但没有记述汉武帝派遣译长招聘"应募者"组成的官方船队带着"黄金、杂缯（丝货）"从汉中（长安）到广东徐闻、合浦的具体路线。但是，我们认为船队很可能是按汉武帝平定南粤吕嘉之乱的南下进军路线到徐闻、合浦出海的。据《汉书·南粤王传》，汉武帝平定南粤的路线，是从西安出发，沿着关中的汉水南下到长江，入洞庭湖，然后溯湘江分两路南下封中（苍梧）地区；第一路是归义侯严戈船将军经灵渠下漓水到广信（今梧州、封开间）；第二路是下濑将军经潇水、贺江到封川（今封开县）。此两条路线所到之处，正是1973年长沙马王堆三号墓地发掘出来的《地形图》中标记的"封中"地区即苍梧郡地，包括湖南的道县、谢沐（今江永县）江华，广西的富川（今钟山县）、临贺（今贺州信都）、封川、广信（梧州、封开间），以及东面的端溪（今德庆）、高要和西南的猛陵（今苍梧县）等县。根据著名地理学家曾昭璇教授的研究，从先秦西瓯国到秦汉时期，西安到岭南主要通道是走湘江、潇江、贺江水道。因为潇水集中南岭的山地雨水，河水较深，水绕过谷中滩石后，仍可航行，与贺江相接比较方便。虽然要起陆，但费力少，比用人力拉船过灵渠便利得多。

● 图8-10　玉林市南流江

　　汉武帝组织的官方船队，将汉中等地区的黄金、杂缯（丝货），沿上述平定南粤的路线南下到苍梧地区的梧州及封川之后，分两路出海。一是由梧州、封川沿西江东南行至端溪（今德庆）的南江口，下鉴江顺流南下，航至雷州半岛的徐闻港口出海。二是溯西江而上至广西藤县，进入北流江航至北流县，然后上岸东行16—20千米，经玉林的桂（鬼）门关，入南流江顺流至合浦县的乾体港（三汊港）出海。至于西南道的四川蜀锦、竹杖、枸酱，则可从牂牁江顺流到西江至南乡上岸，东行30多千米

至灵山县境南流江船航至合浦县三汉港出海。

　　由此可见，南流江之所以成为南海古丝绸之路内陆组成部分，南流江南北通道特殊的地理位置固然是客观条件，而其良好的航运基础，使南海古丝绸之路开辟之时，而因利乘便成为南海古丝绸之路内陆组成部分。

# 九、寒山三圣——地方信仰

　　玉林有一座"寒山"，见于史册汉《九域志》："南越王赵佗，夏日遣使入山采橘，经旬日方还。问其故，曰：'山中大寒，不得归。'"

❀　图 8-11　玉林市寒山顶庙（张中　手绘）

寒山上有三位神仙——寒山三圣。相传在宋朝，湖广长沙府石垌堡有一户张姓人家，养育有兄弟四人，以孝顺闻名，大哥张桂宗早年考取了功名，于江南桃源府做官定居，剩下的三兄弟张桂卿、张桂亭、张桂成三人却屡考不中，此时父母又过世，三兄弟放弃了考取功名，开始了在全国各地寻找风水宝地安葬父母双亲的历程，最后在玉林境内找到了他们心目中的风水宝地，安葬双亲之后，在山里结庐而居。然而山中苦寒瘴气重，三兄弟在风雨交加中辞别了人世，当地百姓念其一片孝心，

● 图 8-12　宋代风格的岭南古庙（张中　手绘）

把故事神化为三兄弟在风雨中羽化登仙，尊称为"寒山三圣"，并在山顶建设庙宇烧香供奉，每逢三兄弟的诞辰，当地百姓都到山顶祭拜，这就是"寒山诞"的由来。因为三兄弟的诞辰不同，所以"寒山诞"共有三个，分别是农历二月十二、四月十五、九月十五，其中又以农历二月十二的"寒山诞"最为隆重。而寒山，也逐渐从百姓口中泛指的群山，变成特指大容山余脉的寒山。

正所谓"山不在高，有仙则灵"，这座海拔仅仅870米的小山，在民间形成了自发的祭祀活动，在漫长的历史中，逐渐变成玉林的一项官方仪式。由于民间传说寒山三圣羽化登仙时风雨大作，于是民间又认为寒山三圣为玉林司雨之神，据传寒山显灵，灵在应雨，当地百姓每遇天旱，就在寒山庙前设坛祈雨。据《玉林市志》记载："凡之官玉林者，莅任初，例往祭谒。遇旱则诣庙祈祷。"

作为玉林民间信仰之一的寒山庙，自诞生以来，历经了千年岁月，逐渐在玉林各地流传，其中影响力较大的有寒山顶庙、寒山大庙等。

● 图 8-13　依山就势的岭南古庙（张中　手绘）

现存寒山之巅的寒山顶庙据传是三圣羽化成仙的地方，在明代以前就有人在这里设置神坛。现存的寒山顶庙，到现在至少存在了310年，其中有确切记载的是："清乾隆年间，五台山县知县举人陈圣敬等倡首募捐重修其坛，石为庙，至今几百年矣！岁甲戌年（1694年）合州官绅商民复举重修之役。"现存寒山古庙采用石拱结构建造，共用了1214条石箭垒成，是玉林最古老的，也是玉林八景之一"寒山应雨"的古迹所在。

而位于寒山村中心的寒山大庙，从目前残留的断碣残碑推测，建庙之初应该是在清朝道光年间，也有近200年的历史，寒山大庙也是玉林市内占地最广，建造面积最大的清代建筑。

光绪九年（1830年），寒山三圣被朝廷敕赐"溥泽龙神"封号，列入祀典，春秋两季由地方官奉祭，成为玉林最重要的地方祭祀活动之一，每年的"寒山诞"都是人山人海，善男信女焚香膜拜，祈求一年的风调雨顺。

在过去科技不发达的年代，张氏三兄弟从孝子，到被奉为神明，再到变成司雨之神，寄托着玉林古代先人对风调雨顺的渴望；随着时代的发展和知识的进步，科学的思想在古老的华夏大地迅速传播，古老的寒山文化在现代知识的洗礼下，褪去了祭祀求雨的迷信色彩，也失去了昔日官方祭祀的浮华；然而随着经济的发展和传统文化的复兴，寒山文化在失去了强加于身的求雨祭祀功能之后，更多地回到了它最初的"孝"文化中去，每年的"寒山诞"又如以前一样热闹，承载着玉林人祖祖辈辈以来追求风调雨顺、国泰民安、父慈子孝、家庭和睦的美好愿望。

# 十、西江望月——梧州骑楼

清光绪二十三年（1897年）二月四日，清政府与英国在北京签订《中英续议缅甸条约》，梧州被辟为对外通商口岸后，逐渐发展成为珠江流域著名的商埠，骑楼建筑开始在梧州兴起。

1924年底，梧州发生特大火灾。当局决定"拆城筑路，挖山填塘"，将梧州的千年古城墙和城门全部拆除，扩大城区面积，用城砖筑地下水渠、铺砌街道马路，梧州的河东区逐渐成为骑楼城。骑楼建筑是结合南方潮湿多雨及多洪易涝的气候特点而设计建造，一般为三四层楼房，地层商铺门面向内缩入2—3米让出来作为人行走廊，亦叫"骑楼底人行道"。这样既可以替行人遮阳挡雨，又可以为商铺营造舒适环境，也显示出商家诚信待客的经商之道。楼房二层一般设有水门，是为备洪水浸街时楼上方便居民出入用的，可以在水门放下一把竹梯，居民从竹梯上下搭艇，也可以在水门放下竹篮向沿街巡游的售货小艇购买米、油、蔬菜、火油、电池等生活必需品。临街砖柱上镶嵌铁环高低各一只，亦为备栓泊船艇系缆绳用的，这些都是因为梧州地处三江水口，几乎年年有几次洪水淹街的特殊需要。

2002年8月，自治区人民政府提出，梧州的城市建设、旅游发展要以山水、骑楼为核心内容，并拨出2000万元专款改造骑楼城。2003年6月，骑楼城改造工程项目开工建设，工程实际完成投资1.8亿元，骑楼城立面修缮工程441栋共57109.44平方米，增建骑楼110栋共10550.7平方米，牌坊6座，雕塑10座。

● 图8-14　岭南清代风格骑楼街（张中　手绘）

2004年9月，梧州市举行了隆重的骑楼城开城仪式。面貌焕然一新的骑楼建筑既不失传统特色，又显现时代风貌，成为梧州一幅幅迤逦的立体风景画，游览在骑楼城，犹如人在画中、画中有人。

# 十一、日久他乡即故乡——客家文化

"骏马登程往异方，任纵胜地立纲常。年深外境犹吾境，日久他乡即故乡。"这是宋代玉林黄氏峭公给子孙的遗训，很好地概括了客家人从中原迁徙到广西落地生根的情形。

西晋末年至明清期间，客家先民因战乱、异族入侵、社会动荡等历史原因，经历了五次大规模迁移，到了宋朝，客家人在迁入地占据人口优势，形成共同的经济模式和心理素质，且客家话也脱离中原语言融合南方少数民族语汇形成独立的方言，终于发展成为一个独立的民系并主要分布于闽、粤、赣地区。客家人一般分布于交通闭塞的山地和丘陵地区。为适应环境、集约利用资源，并出于防卫和礼制传承的需要，客家人聚族而居，形成以大屋为主，独具特色的客家传统民居。

客家人迁入广西并形成规模是在明清时期客家第四次大规模迁徙期间，入桂原因主要为仕宦或躲避战乱。这一时期来自中原的客家人甚少，绝大多数来自广东嘉应州（今梅州）、惠州、潮州，江西赣州、宁化，福建汀州（今长汀县）、上杭等客家主要聚居地。客家人入桂很少是一次性迁徙而定居下来，多数几经辗转流离而来到现居地，从而在广西境内也形成了几条主要的迁徙路线：一是沿南岭山地的迁徙路线，途经湖南的客家人沿湘桂走廊入桂；二是从广东迁入的客家人或是福建经广东迁入的客家人，大多溯西江西上，从梧州进入广西；三是福建或广东客家移民从海路（即南海到北部湾）进入广西，另有从钦州溯钦江而上到达灵山。

●◖ 图 8-15 博白县新田亭子村老屋客家民居（张中 手绘）

　　现今广西客家人主要分布在桂东北山区、桂中浔江流域、黔江流域、郁江流域及桂南南流江流域和钦江流域，形成了桂东贺州市，桂中贵港市、来宾市、柳州市，桂东南玉林市及桂南北海市、钦州市、防城港市四大客家聚居区，从整体来看，客家人在广西的分布总体呈东南密、西北疏，高集中、大分散的格局。

# 十二、壮乡情人节——三月三

三月三，古称上巳节，是一个纪念黄帝的节日。相传三月三是黄帝的诞辰，中国自古有"二月二，龙抬头；三月三，生轩辕"的说法。魏晋以后，上巳节改为三月三，后代沿袭，遂成汉族水边饮宴、郊外游春的节日。农历三月三，也是道教神仙真武大帝的寿诞。真武大帝全称"北镇天真武玄天大帝"，又称玄天上帝、玄武、真武真君，生于上古轩辕之世，华历三月三。不少专家倡议将轩辕黄帝诞辰三月三、上巳节设立"中华圣诞节"，以增强民族凝聚力。

农历三月初三，时近清明，是时天气暖和，大地返青，河水开流，百花盛开，鸟兽发情，求偶而鸣，人也处于激情勃发时期，是外出郊游和求偶欢会的绝佳时节，从节令来看，更适宜把这一天当作情人节。七夕则是七月流火，阳气盛极而衰，更多的是秋日里凄切的闺怨，不是完全的爱情。

三月三作为中国古代的情人节，由来已久。有词为证，李白词云："箫声咽，秦娥梦断秦楼月；秦楼月，年年柳色，灞陵伤别。乐游原上清秋节，咸阳古道音尘绝。"这里的年年柳色，即指农历三月三的情人节。传说在上古时期，世界上发生了一次大灾难，天塌地陷，洪水泛滥，人类和动物无一幸免，只有伏羲、女娲（或者是盘古、玉人）兄妹（或者姐弟）受到神兽的保护而得以存活。为了人类的延续，在蛇（古代石狮）的撮合下，兄妹俩滚石磨测天意，然后结为夫妻，生儿育女，并抟土造人，后来人烟就又逐渐稠密起来。因为兄妹俩滚磨成亲那天是三月三，为了纪念他们繁衍人类的伟大功绩，以后每年的三月三这一天，人们都要祭祀人祖爷爷和人祖奶奶，也是青年男女自由交往，说爱定情的好日子。

广西"三月三"是壮族的重大节日之一，是传统骆越文化的主要表现，统称为"三月三"歌圩。在歌圩旁边，摊贩云集，民间贸易活跃，附近的群众为来赶歌圩的人提供住食，无论相识与否，都热情接待。一个较大的歌圩，方圆几十里的男女青年都前来参加，人山人海，歌声此起彼伏，很是热闹。人们到歌圩场上赛歌、赏歌；男女青年通过对歌，如果双方情投意合，就互赠信物，以为定情。此外，还有抛绣球、碰彩蛋等有趣活动。

第九章

传统复兴——岭南民居传承

# 一、民居传承保护

人类文化遵循其自身的发展规律，伴随着人类前进的步伐，在历史中形成，在历史中发展。每一个时期的发展，总是在传统的基础上，不断添加新的内容，预示着文化发展的方向。以特色鲜明的镬耳屋、骑楼等为代表的传统岭南民居建筑文化，是岭南优秀传统文化体系中含量丰厚、成果显著、富有特色的部分，是经过不断充实、更新、发展和积淀形成并世代传承下来的。随着社会发展，广西岭南民居的居住条件也有了很大的改善，社会的发展进步和人们日益增长的生活需要，是包括居住建筑在内的社会经济文化发展的内在动力，人们的思想观念、生活方式也发生了深刻的变化。传统文化与现代化如何调适，使之有机地衔接起来，在传统文化的基础上发展创新，实现新的超越，在日益加快的城市规划与建设中，如何继承和弘扬岭南民居建筑文化的优良传统，构建既有鲜明的岭南特色，又具有显著的时代特点的现代建筑文化模式，使凝聚着广西岭南人民智慧和建筑文化中的优良传统得到继承和发扬，使之在现代建筑文化中焕发出新的光彩，所有这些问题，都需要我们进行全面的深入研究，从理论和实践上提出传承的重要意义及对策和措施。

# 二、设计创新应用

钢筋混凝土和玻璃幕墙组成了现代建筑的整体框架，在这些建筑中基本摒弃了岭南民居传统建筑中的木雕与石雕文化，就石雕材料来说，现代建筑更多的使用大理石、瓷砖等工业化产品，而木制材料也开始更多的使用集合板与模具，对岭南传统民居建筑的自然材料使用较少，这显然不利于岭南民居传统建筑材料的传承与发展。因此，将岭南民居中的传统建筑材料合理运用到现代建筑中就显得非常必要，这可以通过借鉴参考岭南民居传统建筑的材料使用特征、使用部位以及其所代表的文化内涵，将其融到现代建筑中，比如在建筑门庭部位使用各种图案的石雕材料代替工业化的大理石或者瓷砖，使用木雕材料充斥门窗周围结构，使用青砖、灰瓦材料代替面砖、陶瓷、混凝土板等，将岭南民居传统建筑材料中的文化符号运用到现代建筑中，发挥传统材料的价值魅力。

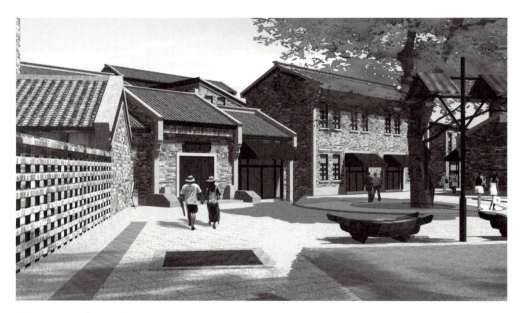

● 图 9-1　青砖、灰瓦的运用（玉林市州珮古街）

● 图 9-2　青砖、灰瓦的运用（玉林市州珮古街）

　　极具特色的建筑外形对于提升城市文化形象、扩展城市知名度是非常有益的，比如玉林市茂林镇天门老街、玉林市大北路美食街、桂林市阳朔益田西街等已成为当地的一张建筑名片。这些建筑设计与岭南传统建筑中骑楼、镬耳屋的有机结合，演变为富有岭南特色的商业街，创造了识别度高，具有地方传统特色的建筑景观。

● 图9-3　玉林市茂林镇天门老街现状照片（局部）

● 图9-4　玉林市茂林镇天门老街立面改造方案（局部）

● 图9-5　玉林市茂林镇天门老街立面改造效果图

● 图9-6 玉林市大北路美食街现状照片（局部）

● 图9-7 玉林市大北路美食街立面改造方案（局部）

● 图9-8 玉林市大北路美食街立面改造效果图

　　建筑设计布局结合地方气候特点，将现代住宅与岭南民居建筑文化进行结合，使建筑物具备现代景园特色，在门厅、中庭、廊、走道之中布置园林花木，赋予环境以大自然的情趣，凸显出建筑层次性。

● 图9-9　建筑和天井、庭院结合的岭南民居平面布置图

●● 图 9-10　岭南特色民居效果图布置图

许多现代建筑追求新颖的个性，在建筑造型运用上显得比较单一，这与岭南民居中丰富、多元的建筑符号是不相符的。因此，如何将岭南传统民居中的屋面、屋檐、窗楣、阳台、墙裙、建筑色彩等传统元素运用到现代建筑中也是非常重要的。不能只注重对传统文化符号的堆砌，要更加注重文化符号的内涵与建筑价值的融合，注重建筑整体与符号细节的和谐之美，通过文化属性将现代建筑与传统符号连接起来，这是现代建筑进行岭南民居传统建筑文化符号传承与发展过程中需要注意的地方。在大胆运用现代材料和技术的同时，与本地天然材料相结合，减少热辐射，采用淡雅明快的色彩，而门窗、栏杆、檐口等细部可用稍深色调，这样可与自然环境相映生辉，使建筑的面貌具有艺术感染力等。

（1）屋顶：可局部采用灰瓦坡屋顶。

（2）彩绘：窗户顶端、屋檐下加彩绘，彩绘主要以山水、人物、花鸟等图案为主，也可是粗细的线条组合图案。

（3）山墙：局部采用人字山墙或镬耳山墙。山墙顶部用小灰瓦装饰，墙体用白墙或局部灰砖装饰，也可用仿灰砖外墙涂料，勾出砖缝。

● 图 9-11　陆川县温泉镇峒心村吕氏大屋青砖墙（张中　手绘）

（4）门窗：在门窗洞口外部加木制或仿木材料镂空门窗，门窗的花纹采用简化后的传统图案。

（5）阳台：阳台栏杆可采用岭南建筑中木窗格的镂空符号，材料采用混凝土、不锈钢等。

（6）斜檐：在部分山墙或窗户上方加灰瓦斜檐，与灰瓦坡屋顶相呼应，增加建筑立面的层次感。斜檐有规律地出现，使得岭南传统建筑文化符号得到重复与强化。

（7）墙基：墙基可用灰砖、毛石作为主要材料，在底层的适当位置，用毛石作为基座。可将距离地面1.2米的墙体部分用灰砖贴面保护起来，延续岭南民居的做法，保护墙体的同时达到统一建筑风格的目的。

● 图9-12　岭南古闸门（张中　手绘）

　　（8）建筑色彩：结合岭南民居中以白灰为主色调的特点，大量运用白色墙面和灰色墙面以及灰色的屋面瓦，两者整体对比的同时，局部增加棕红色为点缀，再加上灰色调的墙裙作为补充，力图在注重建筑物的主导色与点缀色之间相互搭配和映衬，形成层次鲜明和韵律感极强的环境氛围。

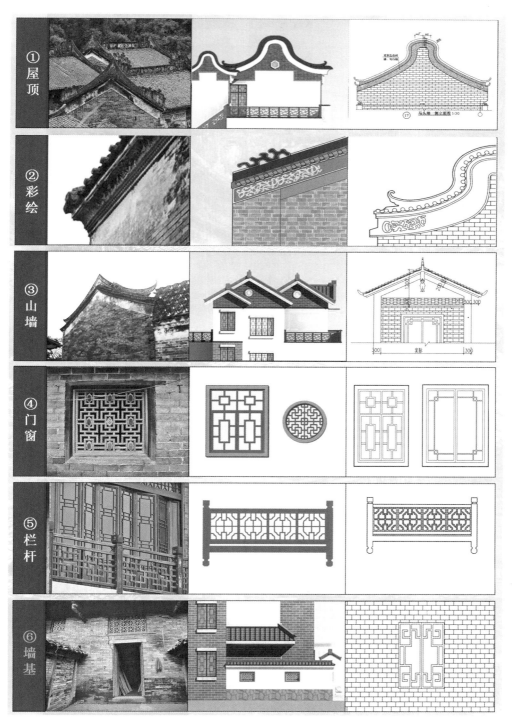

① 屋顶

② 彩绘

③ 山墙

④ 门窗

⑤ 栏杆

⑥ 墙基

● 图9-13　岭南民居建筑元素分析图

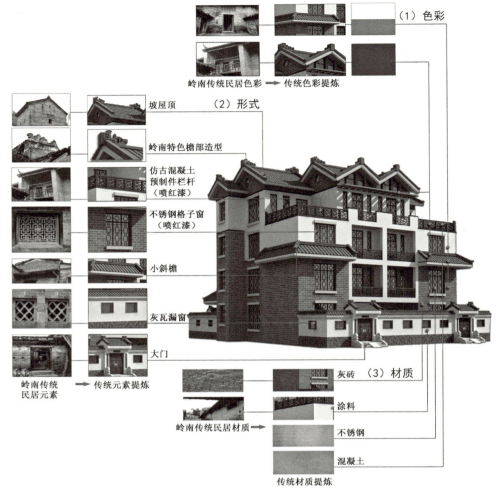

# 三、未来岭南民居

在建筑更多的通过外在表现、外在形状来成为城市焦点的过程中，也需要更加注重建筑价值的内涵体现，此时，岭南民居传统建筑文化中的价值、内涵以及精神理念就成了可以融合的元素，通过运用现代建筑建造技术将岭南民居传统建筑文化中的材料使用、形状设计以及特色符号融入其中，使现代建筑既新颖又具备传统文化气息，这对于建筑行业的发展是极为有利的，更重要的是这也是对广西岭南民居

传统建筑文化的一种有效传承，有利于促进岭南传统文化的发展。

在千城一面的城市面貌下，如何发展广西岭南民居建筑渐渐清晰起来，可分为传统岭南民居建筑与现代岭南民居建筑两条脉络。即传统岭南民居建筑要挖掘文化价值，体现生态与乡愁。现代岭南民居建筑要与时俱进，创新理念，体现当代时尚风采。综合起来有以下八个特点遵循，广西岭南民居建筑文化将在未来产生更广泛影响。

## 1. 宁变勿仿，宁今勿古

现代岭南建筑的先驱，夏昌世、莫伯治以现代建筑风格设计的一批新建筑在全国树立榜样。广西岭南建筑创作也基本跟随广东发展，岭南人的求新融合的传统，都会让习惯中原徽派传统风格的游人眼前一亮，别具特色即源于此。

## 2. 追求意境，力臻神似

岭南人在每一种艺术创作中都刻意追求岭南特色，建筑创作也一样，追求意境，立意在先，处处体现出中国的岭南情调和神韵。例如华蓝集团南国弈园将室外景观引入灰空间的应用。

## 3. 因借环境，融为一体

岭南建筑重视选址，与环境融为一体，继承了传统建筑的精华。贺州的黄瑶古镇、横县的李萼楼庄园、陆川的谢鲁山庄、玉林的硃砂垌是其中典型。

## 4. 群体布局，组合空间

岭南建筑结合气候特点，使建筑物具备现代景园特色，而在门厅、中庭、休息廊、餐厅、走道、卧室之中布置园林花木，赋予环境以大自然的情趣。例如宾阳的蔡氏古宅、玉林的高山村群体布局就很有代表性。

## 5. 清新明快，千姿百态

岭南建筑善于利用钢筋混凝土框架特点，创造通透空间及虚灵形体，形成清新明快的建筑形象来，同时借鉴古代亭台楼阁原型，使新建筑千姿百态，气象万千。

## 6. 室内设计，丰富多彩

岭南建筑在室内设计上利用传统手法，如灰塑、陶塑、砖雕、木雕、洞门景窗、贴地铺地、彩色玻璃、镶拼壁画、盆景几架、特色家具、匾名对联等等，使室内景观琳琅满目，美不胜收。

### 7.景园文脉，推陈出新

岭南民居最大限度地吸收、借鉴中国古园林空间手法，移植到建筑与城市设计中，从而产生出鲜明的特色。例如玉林园博园、南宁青秀山、贺州园博园等。

### 8.神似之路，殊途同归

岭南民居学派主张新建筑与传统形式风格要神似，不要仿古。要神似，反映了一种文脉意识，对传统精神及集体无意识的关注，对环境整体性及人性空间的尊重，对与世界潮流同步的强烈愿望。

● 图9-15　精美的清代仪门（张中　手绘）

# 图片目录 ◑◔

# 参考文献 ◑

［1］张中. 古韵广西——钢笔手绘古民居［M］. 桂林：广西师范大学出版社，2014.

［2］李伟中，张中. 玉林画·话玉林——线条下的文化符号［M］. 桂林：广西师范大学出版社，2016.

［3］雷翔. 广西民居［M］. 北京：中国建筑工业出版社，2009.

［4］陆元鼎. 岭南人文·性格·建筑［M］. 北京：中国建筑工业出版社，2005.

［5］陆元鼎. 中国民居建筑年鉴（1988-2008）［M］. 北京：中国建筑工业出版社，2008.

［6］陆琦. 岭南园林艺术［M］. 北京：中国建筑工业出版社，2004.

［7］广西壮族自治区住房和城乡建设厅. 广西特色民居风格研究［M］. 南宁：广西人民出版社，2015.

［8］潘琦. 广西文化符号［M］. 南宁：广西民族出版社，2014.

［9］邵松，李笑梅. 岭南当代建筑［M］. 广州：华南理工大学出版社，2013.

［10］邵松，乔监松. 岭南近现代建筑1949—1979［M］. 广州：华南理工大学出版社，2013.

［11］陆琦，陆元鼎. 中国建筑艺术全集21·宅第建筑·2·南方汉族［M］. 北京：中国建筑工业出版社，1999.

［12］周晶，李天. 传统民居与乡土建筑［M］. 西安：西安交通大学出版社，2013.

［13］吴良镛. 广义建筑学［M］. 北京：清华大学出版社，2011.

［14］朱良文. 传统民居价值与传承［M］. 北京：中国建筑工业出版社，2011.

［15］李长杰，全湘，鲁愚力. 桂北民间建筑［M］. 北京：中国建筑工业出版社，

1990.

[16] 唐旭，谢迪辉．桂林古民居［M］．桂林：广西师范大学出版社，2009.

[17] 陆琦，陆元鼎．中国民居装饰装修艺术［M］．上海：上海科学技术出版社，
1992.

[18] 刘沛林．古村落：和谐的人聚空间［M］．上海：上海三联书店出版社，
1988.

[19] 容小宁．超越·崛起：广西古村落文化十大品牌［M］．南宁：广西人民
出版社，2008.

[20] 于希贤．法天象地：中国古代人居环境与风水［M］．北京：中国电影出
版社，2006.

[21] 赵勇．中国历史文化名镇名村保护理论与方法［M］．北京：中国建筑工
业出版社，2010.

[22] 钟文典．贺州客家［M］．桂林：广西师范大学出版社，2008.

[23] 吴招胜，宋韵琪，谭元亨．客家古邑民居［M］．广州：华南理工大学出版社，
2010.

[24] 杨宏烈．岭南骑楼建筑的文化复兴［M］．北京：中国建筑工业出版社，
2010.

[25] 熊伟．广西传统乡土建筑文化研究［D］．广州：华南理工大学，2012.

[26] 赵冶．广西壮族传统聚落及民居研究［D］．广州：华南理工大学，2012.

[27] 毛文青．广西地域建筑文化符号寻踪［J］．美术大观，2013(12)：58-59.

[28] 黄忠免等．民居，屋檐上的广西面孔［J］．广西城镇建设，2012(12)：2-19.

[29] 杨大禹．传统民居及其建筑文化基因的传承［J］．南方建筑，2011(6)：7-11.

[30] 廖宇航，潘冽等．广西贺州江氏客家围屋特色浅析［J］．南方建筑，2013
(3)：41-45.

[31] 韦祖庆．客家人聚合性格与围屋——以广西贺州客家为例［J］．龙岩学院
学报，2007(1)：32-36.

[32] 潘顺安．岭南商贸型古村落地理环境解析——以广西扬美古镇为例［J］．
广西教育学院学报，2013(6)：20-24.

[33] 韦祖庆．生态美学是古镇文化旅游的重要依托——以贺州市黄姚古镇为

例［J］.旅游论坛，2009，2（2）：295-299.

［34］孙永萍.基于城市更新改造的名人故居的保护与开发——以钦州市刘永福文化区概念性规划为例［J］.广西城镇建设，2012（12）：80-84.

［35］蒲日材.从贺州客家宗祠看客家人的认同意识［J］.北华大学学报（社会科学版），2012，13（3）：123-126.

［36］宋俊娟.从贺州客家围屋雕刻看客家人的审美——以贺州莲塘围屋为例［J］.贺州学院学报，2008（1）:19-22.

［37］黄桂凤.广西贺州客家的宅第文化的保护［J］.玉林师范学院学报，2012，33（3）:38-41.

［38］郑威，余秀忠.围屋化：族群历史记忆的社会化叙事——广西贺州客家围屋作为叙事文本的文学人类学分析［J］.广西民族研究，2008（1）：69-74.

［39］郝革宗.广西旅游古镇的开发研究［J］.广西师范学院学报（自然科学版），2007（1）：42-46.

［40］颜姿.广西扬美古镇的旅游开发［J］.边疆经济与文化，2007（11）：21-23.

［41］刘沛林，董双双.中国古村落景观的空间意象研究［J］.地理研究，1998（1）：32-39.

［42］王大悟，郑世卿.论古镇旅游开发的五种关系［J］.旅游科学，2010，24（4）：60-65、76.

［43］熊伟，张继均.广西传统客家民居类型及特点研究［J］.南方建筑，2013（1）：78-82.

［44］滕兰花.近代广西骑楼的地理分布及其原因探析［J］.中国地方志，2008（10）：49-54.

［45］梁宽，时湘斌，曾国惠等.南宁骑楼街区现状风貌特征研究［J］.山西建筑，2014，40（8）：5-6.

# 后 记

因地理的阻隔和自然环境的差异，古时广西岭南地区形成了独特的文化，主要以农业文化和海洋文化为根柢，逐渐融入了中原文化和外来文化，形成了自强自立、兼容并蓄的性格特征。广西岭南大地灿烂的文化映射在建筑上造就了蔚为大观的岭南地区民居类型，如湘赣系民居、广府式民居、客家民居以及少数民族民居等。本书旨在从文化及自然环境出发，对广西岭南民居进行梳理记录，寻踪逝去或即将逝去的历史，以启迪未来。

玉林市位于广西东南部，与广东茂名接壤，历来都有"岭南都会"之称，玉林市城乡规划设计院是玉林地区从事规划与建筑设计的科研单位，扎根玉林近十年，浸淫岭南文化，不断吸收其精华。这片土地上有太多的养分，有太多绚烂的文化，有太多精美的建筑遗存。想为玉林乃至广西做点什么的愿望，一直都存在于院长丘阳先生的心里，存在于我辈的心里。2016年，我院有幸承接自治区建设厅课题"广西岭南建筑风格研究"，2018年初，丘阳院长力推希望将我院两年来的研究成果编纂成书，分享出来，以飨读者。"我出书的目的是希望给热爱历史、热爱建筑的读者心中种下一颗种子，仅此而已。"张中副院长的平实的话语透露出他对文化传承的真切期望。张中先生近年来致力于用钢笔画来记录广西岭南建筑的美，以期唤醒广大民众对古建筑、古民居的保护意识。他先后出版了《古韵广西——钢笔手绘古民居》《玉林画 话玉林——线条下的文化符号》等书籍。本书的成稿也得益于他笔耕不辍画出的近百幅广西岭南建筑的钢笔画。这些画作累积了张中先生的心血，为本书提供了最真切最人文的视角。

是的，广西岭南民居文化博大庞杂，非一人一书能穷尽，非一时一地挖掘能全部展现，需要深耕细作。本书更多的是对广西岭南民居的梳理与记录，内容力求全面准确，因此在某些问题上并没有进行更深入的探讨和研究。如广西岭南民居与岭南其他地区的差异、广西岭南民居的风水学深层次成因等。此外，本书重点讲的是广西岭南地区汉族的民居，对桂西地区少数民族的民居涉及较少。以上这些内容限于篇幅和精力，在此不能详尽，深感遗憾，希望能在今后继续这个课题，拾遗补漏，尽我辈之力。

本书在资料收集、编写过程中，得到了广西壮族自治区住房和城乡建设厅彭新塘处长，玉林市住房和城乡规划建设委员会刘家强主任，玉林师范学院李伟中副校长，玉林市旅发委原主任韩汝和先生，玉林市文化新闻出版广电局，玉林市科技局，玉林市住房和城乡规划建设委员会各科室，广西师范大学出版社副总裁施东毅先生、刘艳主任、高东辉编辑、李永光编辑、田天明先生、刘向先生的帮助与支持，其他对本书的出版提供帮助的个人或单位，恕不能一一罗列，在此一并表示感谢！本书在编写过程中，编者走访了众多的古镇及村落，参考了大量史实材料和有关文献书籍，其中不乏我们的一己之见，一并写出，与读者一道分享。继本书之后，我院现正进行岭南古建筑符号提炼研究，希冀深度挖掘传统建筑的精粹，转而应用到现代设计当中进行尝试，计划会择时出书与广大爱好者共享。限于学识不足，谬误之处，在所难免，还望方家和读者批评指正。